湖北省普通高等学校人文社会科学重点研究基地"湖北技能型人才培养研究中心"基金项目(项目编号:23ADJN011)主要研究成果

中国茶廉文化

熊安锋　阳军　著

华中科技大学出版社
中国·武汉

内 容 简 介

茶,作为一种独特的文化符号,自古以来就与廉洁、清雅等概念紧密相连。茶的清香与廉洁形成了较好的象征关系,茶的味道则让人联想到人生的况味。通过以茶养廉这种方式,人们可以在品味茶香的同时,感悟其背后的道德寓意。

近年来,我国茶业经济蓬勃发展,茶廉文化也受到空前的关注,并得以快速发展。为发掘和弘扬中国茶廉文化,促使这一宝贵的文化遗产大放异彩,也为提高大学生的文化艺术修养,培养懂茶艺、会品茶的新一代茶人,遂编写本书。本书主要包括中国茶廉文化概述、中国茶文化发展史、中国茶叶的分类与加工、茶的烹制与品鉴、茶与健康、茶艺与茶道、茶廉文化的社会功能等,学习者可以通过理论教学、实习操作和观看视频等形式来了解我国茶叶感官审评的过程和特点,掌握不同茶类的冲泡方法,从而激发大学生茶艺创作的兴趣和积极性,进而增进大学生对茶廉文化的认识与体会,提升综合素养。

图书在版编目(CIP)数据

中国茶廉文化 / 熊安锋,阳军著. -- 武汉 : 华中科技大学出版社,2024.9. -- ISBN 978-7-5772-1212-8

Ⅰ. TS971.21;D630.9

中国国家版本馆 CIP 数据核字第 20245T5T32 号

中国茶廉文化
Zhongguo Chalian Wenhua

熊安锋　阳　军　著

策划编辑:李承诚
责任编辑:苏克超
封面设计:廖亚萍
责任校对:张汇娟
责任监印:周治超
出版发行:华中科技大学出版社(中国·武汉)　　电话:(027)81321913
　　　　　武汉市东湖新技术开发区华工科技园　　邮编:430223
录　　排:武汉正风天下文化发展有限公司
印　　刷:武汉科源印刷设计有限公司
开　　本:787 mm×1092 mm　1/16
印　　张:12.75
字　　数:225 千字
版　　次:2024 年 9 月第 1 版第 1 次印刷
定　　价:59.80 元

前言
FOREWORD >>>

党的十八大以来,以习近平同志为核心的党中央深入推进党风廉政建设和反腐败斗争。习近平总书记在出访中,多次介绍、论述了茶文化,为茶文化的传承与弘扬做出了表率。茶文化独特的文化竞争软实力,在中华五千年文化中具有重要地位。

当今社会发展日新月异,人们要抛弃过去的守旧思想,同时要继承中华优秀传统文化,塑造新的道德文化素养。不管是对个人、国家,还是民族,最根本的自信是文化自信,是由内到外的对自我的肯定与赞同,并且这份自信的力量会比其他任何一种力量都更持久、更坚定。因此,加强"廉"文化的挖掘与弘扬,显得格外重要。

有关"茶廉"一词,近些年才出现。2013年,在廉政建设的背景下,英德市以茶为媒,意在打造"茶廉"文化盛景。英德市纪委将茶文化与廉文化有机结合,创作了《茶廉赋》。"茶廉"文化形成的原因是多方面的,茶与廉文化融合的因素也是多层次的。"茶廉"文化最开始通过"以茶养廉"的形式在茶文化中存在。随着在社会发展中的不断丰富,"以茶养廉"的思想逐渐演变为"茶廉"思想。"茶廉"文化的本义即是以"茶"为现实物质主体、以"廉"德思想为内涵、以"文化"为表现形式,包含了茶文化中的"茶道""茶德""茶礼"等思想的文化形态。

"茶廉"一词提出时间并不久,但"茶廉"文化的深厚根基不容否定。茶文化蕴含中华优秀传统文化中的"廉、美、和、敬"等美德,而廉文化建设在当今有着非常重要的时代意义。目前,已有学者展开了"茶廉"文化的研究,如潘忠倩分析了茶道思想对我国现代廉政文化建设的作用,阐述了"茶廉"文化的建设及其对廉政文化产生的意义;还有一些地方已经开始进行实践,如湖南省福田茶场围绕"茶廉"文化,建设了"茶廉"文化主题公园和"茶廉"文化体验园,获批永州市廉政文化教育示范点,成为茶旅结合的"茶廉"文化教育基地,所取得的成绩受到大家认可。

本书主要从中国茶廉文化概述、中国茶文化发展史、中国茶叶的分类与加工、茶的烹制与品鉴、茶与健康、茶艺与茶道、茶廉文化的社会功能等方面来讲解中国茶廉文化,以期让读者对茶廉文化有一个清晰而全面的认识。

本书系湖北省普通高等学校人文社会科学重点研究基地"湖北技能型人才培养研究中心"基金项目(项目编号:23ADJN011)主要研究成果,也是国家社科基金后期资助项目"讲好中国职业教育故事研究"子课题(项目编号:22FGJB012-CVES033)、2023年湖北省职业技术教育学会科学研究课题"地方高职院校荆楚文化传播实证研究——以'陆子学堂'建设为例"(项目编号:ZJGB2023122)研究成果之一。

目录
CONTENTS >>>

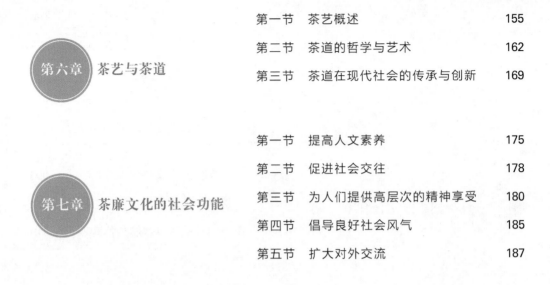

主要参考文献

第一章

中国茶廉文化概述

"一杯清茶问今古，两袖清风为苍生。"茶与廉，自古紧密相连，源远流长。人们以茶待客，以茶会友；以茶思源，以茶养廉。新时代新征程，提倡以茶养廉，就是把茶品、茶德、茶俭、茶廉等融入思想教育领域之中，融入党风廉政建设之中，使之成为精神上的一种动力、一种力量，内化于心、外化于行。

第一节 茶廉文化的定义与内涵

茶圣陆羽把茶和文化结合起来,倡导茶文化。茶文化的主要功能包括以茶思源、以茶待客、以茶会友、以茶联谊、以茶育人、以茶廉政、以茶代酒、以茶健身、以茶兴文、以茶作礼等。茶廉文化从茶文化中天然而生,是中华民族优秀传统文化的重要组成部分。

一、茶廉文化的定义

茶廉文化源于"以茶养廉",也称茶廉洁文化。

从品茗的角度看,茶廉文化是一种以茶为载体,以廉洁、诚信、奉献为核心价值观的文化体系。它融合了传统文化中的儒家思想、道家追求和佛家信仰,强调人在品茗过程中,应追求清心寡欲、淡泊名利,推崇廉洁、诚信、奉献的精神品质。茶廉文化借助茶的清香和高雅的品茗方式,传达了人们对于廉洁、诚信、奉献等美好品质的追求,以及对于修身养性、关爱他人、服务社会的理想信念。

从茶道茶艺的角度看,茶廉文化是一种通过茶道、茶艺等茶文化形式,体现清正廉洁、无私奉献和修身养性的文化理念。它借助茶的清香口感和高雅的品茗方式,传递清廉、正直、淡泊名利等美好品质,以及崇尚廉洁、奉公守法、服务社会的价值观念。茶廉文化不仅是中国传统文化的瑰宝,也是当代廉政文化建设的组成部分,对于推进反腐倡廉建设、弘扬清风正气具有积极的意义。

趣味小故事

陆羽"以茶养廉"

陆羽在茶学上的成就名震朝野,但是他不愿意拿自己的一身才华来换取功名利禄。贞元年初,朝廷派人请陆羽进京做官,曾先后诏拜他为"太常寺太祝"和"太子文学",他皆不从命。在陆羽看来,高官厚禄,都是身外之物;而茶,根植土中,擅自然之秀美,钟山川之灵气,四季常青,高风亮节,可以冶情,可以养性。他爱茶,景仰茶,愿做一个茶人,逍遥自在地处于山川河流之间,品名泉,烹清茶。

陆羽精于茶道、品格高洁,吸引了许多同道文人雅士与之结交,其中便有杨绾和颜真卿。

杨绾德高望重,且质朴忠贞、车服俭朴,素以品德举止著称,多次担任要职,却不购置房宅,所得的俸禄皆每月分发给亲友。朝廷任命他为相的诏令公布后,朝中权贵闻风而动,改奢从俭。御史中丞崔宽是剑南西川节度使崔宁的弟弟,家境富有,在长安之南建有别墅,其中的池馆台榭,在当时被称为第一。崔宽得知杨绾拜相后,当天就暗中派人将其拆毁。

陆羽的好友颜真卿是唐代著名书法家、政治家、军事家,以忠烈闻名于官场。颜真卿在富饶的关中做官,却因"拙于生事",竟然到了"举家食粥,来已数月,今又罄竭"的地步,无奈给同事李太保写信求告救济,这就是著名的《乞米帖》。颜真卿身为三朝元老,门生故旧遍布朝野,不是不知道那些"生事"的办法,却始终廉洁自持,绝不贪枉苟取,活得光明磊落。

(资料来源:根据网络资料整理而成)

二、茶廉文化的内涵

从茶廉文化的定义可以看出，茶廉文化蕴含着十分丰富的内涵，主要包括以下几个方面。

（一）以廉自律

清廉是茶廉文化的核心内涵之一。它强调人们应当保持清白、廉洁，不贪污受贿，不谋取私利。同时，也倡导人们追求简约、淡泊的生活态度，不追求奢华、不贪图名利。这种清廉的精神品质，不仅是中国传统文化的核心价值观之一，也是现代社会所倡导的廉政建设的核心内容。

在茶廉文化中，清廉不仅是一种道德追求，更是一种生活方式。茶的清香和高雅的品茗方式，成为人们追求清廉、淡泊名利的象征。人们通过品味茶香，感悟清廉的精神品质，不断提升自身的品德修养。

（二）以诚立身

诚信是茶廉文化的另一种重要内涵。它强调人们应当言行一致，诚实守信，不欺骗他人。同时，也倡导人们追求真实、公正、公平的生活态度，不弄虚作假、不欺诈他人。这种诚信的精神品质，不仅是中华民族的传统美德之一，也是现代社会所倡导的公民道德建设的核心内容。

在茶廉文化中，诚信不仅是一种道德追求，更是一种文化符号。茶的纯净、高雅的品茗方式，成为人们追求诚信、真实的精神象征。人们通过品味茶香，感悟诚信的精神品质，不断提升自身的综合素养。

拓展阅读

用诚信做好茶，温暖人心带富家乡人——记诚实守信人梁奇锂

井冈山下的遂川县，因其得天独厚的自然条件而盛产茶叶，在这里有个叫得响的中国名茶——狗牯脑茶。狗牯脑茶产地汤湖镇，生态良好，土壤富

硒,是优质的茶叶种植地。真是好山好水好茶人,遂川茶痴多诚信,他们与茶结缘,沾染茶性,至真至纯,诚信如金。

特别在当地说起茶人梁奇锂,可以说是无人不知、无人不晓。梁奇锂就是喝着父亲制作的手工茶长大的,茶叶成为他人生的一个特殊情结。大家都说他"脑子活、能干敢闯、懂技术、会经营、创新意识强"。

梁奇锂多年来在茶叶领域努力钻研和打拼。身为制茶传人,在祖训规定技术不得传授外人的情况下,他诚心诚意,将20多年来所掌握的技术传授给愿意学习的茶农茶户,近5年来,他为周边发展茶叶的乡镇共培训上百期,通过理论和实操考试取得高级加工证的近200人,取得中级加工证的近500人,取得初级加工证的上千人。他带领群众致富,立下汗马功劳,成就了他在茶叶领域的盛名。

诚信为本　赢满堂荣誉

诚信茶人梁奇锂,是遂川县安村茶厂、遂川县汤湖新茗茶叶专业合作社负责人。他阅历丰富,苦尽甘来,尝遍"茶中滋味";他平心静气,不随波逐流,尽显茶中真味;他诚信待人,勇于奉献,一身茶人精神。茶品如人品,他在茶事业上坚守着"诚信为本、仁义经商、先做人、后做生意"的经营理念,用自己的诚心、真心和静心,为每位喜爱喝茶的人做出好茶,诠释了茶人合一的茶道精神。

梁奇锂,汤湖镇高塘村人,中共党员,大专文化,高级制茶技师,高级评茶员。多年前,梁奇锂离开家乡外出打工,但是他认为"看不到前景"。而更让他不能释怀的,是家乡那醉人的茶香。几经考量,他决定回到家乡,"做自己的好茶"。

2000年前后,他曾当过村主任、村书记,作为村委会的领头人开始带动全村人民大力发展茶园,他自己带头把自留山、旱土、梯田全部种上狗牯脑茶树。宝剑锋从磨砺出,梅花香自苦寒来。3年以后经济收入翻了一番,全村人都看到了他的成绩和收获,大家紧跟着大面积发展茶园。10年之间全村茶园从不到300亩发展到数千亩,村民收入和生活条件发生了较大的变化。都说火车跑得快,全靠车头带。梁奇锂炒出的茶条形好、汤色绿、味道正、耐冲泡,受到广大消费者的青睐。他2008年参加江西·汤湖首届狗牯脑贡品茶王赛获得银奖,2011年参加江西省首届手工茶大赛获优胜奖,2012年在江西省名优茶评比中荣获金奖,2014年参加江西省"振兴杯"茶叶制作行业职业技能竞赛获二等奖,2016年参加全国手工绿茶制作技能大赛获优秀奖。他创新生产的"翠源牌"狗牯脑茶2011年在"龙天国茶"杯消费者最喜欢的江西大众茶评比中获得银奖、在第九届"中茶杯"全国名优茶评比中荣获一等奖,2016年获"中绿杯"中国名优绿茶评比银奖、第二届亚太茶茗大奖银奖、江西省名优茶评比金奖。

作为一名经营者,他讲求的是诚信为本,以德聚财;作为一名农村脱贫致富的带头人,他讲求的是全心全意为村民服务的信念,日复一日默默为村里经济发展贡献着自己的力量,努力带领乡亲们把脱贫致富的道路越走越宽。梁奇锂在生产经营和销售中讲信用、重信誉,以信立业,以质量取胜,以诚实劳动赢得了消费者的信赖,受到社会的好评。2010年获遂川县首届十大青年创业标兵和吉安市百名农民创业标兵,2014年获江西省技术能手、第九届全国"农村青年致富带头人",2015年获第三届"江西省首席技师"和江西省劳动模范,2016年获吉安市优秀共产党员、享受江西省政府特殊津贴专家等荣誉称号。

扶贫济困　融真诚入户

他深知,自己之所以能够走上这条致富之道,全靠党的改革开放的富民政策,靠人们对自己的信任。他认为,光自己先富起来不行,必须得让大家都富起来。因此,他于2008年组织了12户生产大户、茶叶制作能手,在狗牯脑茶原产地汤湖镇创办遂川县首个茶叶专业合作社——汤湖新茗茶叶专业合作社,采取"合作社＋基地＋贫困农户"的方式,引导茶农发展优质茶叶数千亩,并对合作社成员实行"统一农资供应、统一加工生产、统一产品销售"。通过多年的运作,合作社成员得到了实实在在的经济效益。合作社成立以来到现在,每年都按照社员现金入股15%的红利进行分红。还根据合作社的承受能力,逐年增加成员,先做强,再慢慢做大。从一开始的12户发展到42户、65户、90户、112户,目前已经发展到186户。合作社成员基地面积从340亩已增加到8800余亩,计划5年内发展到500户,基地面积达到2万亩。梁奇锂紧接着投资了1000余万元租赁水保茶厂460亩茶园,吸引几位制茶能手到企业指导,把一个濒临倒闭的企业带出困境,解决20多人常年就业问题,有130多人长期为茶厂服务。2011年,为响应当地发展茶产业的号召,梁奇锂离开村管理岗位,投入到市场经济大潮中,在组建合作社、租赁茶园的基础上,成立了遂川县安村茶厂,创新实行"合作社+龙头企业+茶农大户+茶农散户"的组织结构和经营模式。还获得了"狗牯脑"地理标志证明商标使用许可,努力把茶叶产业做大做强,从而达到广大村民共同致富的目的。

"要不是梁奇锂,我家早就垮了。"高塘村观音组的贫困户梁小春,逢人便夸他。梁小春家有70多岁的老母亲常年患病吃药,经常要到县医院住院治疗,他的老婆带着两个小孩还要照料家务,就靠梁小春一个人赚钱养家,因母亲患病又不能外出打工,只能靠在家那些茶叶收入维持生活,家境困难。梁奇锂了解到这种情况,为了提高贫困户梁小春家的收入,特别优先安排梁小春到茶厂车间学制茶,并亲手教他制茶,加上梁小春白天还可以在家采茶,采得鲜叶按比市场价高10%向他收购。同时,梁奇锂在收购茶叶时,优先考虑贫困户,常把贫困户"不合格"农产品也收购过来,并告诉他们以后需要改进的地方,付款后自己再悄悄地处理。有人曾问过他为什么要这么做?他说:"他们采摘茶叶不容易,有想致富的信心,我亏一点钱没有关系,但是我不能亏自己的良心啊!"梁奇锂富而不忘本,他除了高价收购贫困户送来的茶叶,还常常送柴送米接济贫困人家,让村里像梁小春一样的贫困户都铭记于心。就这样,他的生意之路越走越宽,因诚信经营也经常会迎来五湖四海的"回头客"。

在他的带领下,该村现有茶园数千亩,人均茶园面积达3.8亩。汤湖新茗茶叶专业合作社于2009年获吉安市优秀农专社,2012年获省级供销系统农民专业合作社示范社,2013年获江西省级农民专业合作社示范社,2014年获国家级农民专业合作社示范社和国家级农产品加工示范单位,不但为合作社以及企业增添了效益,而且带动了全镇2000多户茶农共同致富。近年来,合作社吸收的成员主要是以贫困户为主,降低入社门槛,帮助贫困户免费培训茶叶栽培、加工技术,由合作社担保,帮助他们贷款,对贫困户的产品,以比市场价高于5%～10%收购,提高他们的收入,帮助他们脱贫致富,在遂川县树立了一面农民专业合作社的典型旗帜。

诚信传技　带群众致富

喝水不忘掘井人,梁奇锂一直秉承做人如焙茶的理念,用实际行动回报社会。

他在创业的同时努力为家乡人提供了更多的就业机会,目前合作社和茶厂解决临时就业300多人,常年就业26人,企业年销售收入达3600余万元,销售茶叶150吨。2013年,江西省总工会授予"梁奇锂劳模创新工作室"。工作室成员都是茶叶制作能手,在切实做好狗牯脑茶技能传承的基础上,为充分发挥他们的创新作用,通过"请进来、走出去"等多种方式,组织全体成员不断加强技术学习,传承技艺,创新工艺,提升产品质量。目前工作室9名成员中,助理农艺师1人、国家二级制茶技师2名、高级评茶员6名,省级首席技师2名,江西省技术能手3名,全国技术能手1名,全都是高技能人才。

梁奇锂常说:"天下农民是一家,自己富了不算富,大家都富才算富。"他是这么说的,也是这么做的。梁奇锂为了让乡亲们掌握更科学的管理技术,他从不藏私,以诚待人,特别注重带领周边乡镇茶农脱贫致富。近年来,他每年都为周边乡镇的茶农免费进行培训,培养种茶、采茶、制茶、评茶等各个环节的技术人才,毫无保留地把自己从实践当中总结出来的工作经验和心得体会,用通俗易懂的方法毫无保留地传授给他们。他2013年成立工作室以来,共无偿培训茶农4000余人次,通过培训,千余名涉茶人员的专业素质明显提高,覆盖临近乡村的万余亩茶园管理明显规范。对于种茶有积极性的无资金户、特困户,梁奇锂主动提供茶苗和技术,并给予一定的物质支持,帮助他们脱贫致富。近年来,他培养出了一大批茶叶制作能手,培养其他茶叶生产大户考得高级茶叶加工工88人,中级茶叶加工工408人,为遂川县狗牯脑茶总体质量的提高奠定了坚实的基础,为遂川县茶业发展做出了较大贡献。

梁奇锂用他的勤劳、朴实扎根农村,本着诚实守信的做人做事原则,做大做强茶产业,在茶叶致富道路上越走越宽,成了大家学习的榜样。面对越来越好的条件,梁奇锂总是说:"我是一名共产党员,我要在做大做强自己实体企业的基础上,进一步履行好社会责任。自己富了不算,带领周边乡镇茶农共同致富才是我的目标。"

(资料来源:李建平《用诚信做好茶 用爱心带富家乡人——记江西省遂川县梁奇锂》,《老区建设》2019年第7期,略有改动)

（三）以正行道

正气是茶之品格。真正品茶之人，应净灵枢、涤杂念、洁心犀、去物欲，方能品得茶的正气之味、入茶之本源，这样的茶人便在茶香中升华了自己；方能不同流合污，行正直之道，纳清爽之气，这样的茶人便是一个品德高洁的纯正之人。

在茶廉文化中，正气不仅是指行为端正、作风正派，更是指内心正直，一无私念，二无杂念，三无邪念；同时，还指身正，通过品味茶香，感悟行正、身正和心正的内在力量，真正做到一身正气，刚直不阿。

（四）以爱奉献

热爱是茶廉文化的另一种重要内涵。它强调人们应当像爱茶一样爱周围的一切，爱党、爱国、爱社会主义、爱集体，热爱本职工作，热爱公益事业，为社会做出贡献。这种热爱和奉献的精神品质，是中国传统文化中"仁爱"思想的体现，也是现代社会所倡导的公益精神的体现。

在茶廉文化中，热爱不仅是一种精神追求，更是一种生活态度。对茶的热爱精神成为人们为社会做贡献的动力源泉之一。人们通过品味茶香，感悟热爱和奉献的精神品质，不断提升自身的品德修养和价值观念。

（五）以洁修身

修身是茶廉文化的基础内涵。它强调人们应当注重自身的品德修养，追求内心的平静与和谐。这种修身的精神品质，是中国传统文化中"修齐治平"思想的体现，也是现代社会所倡导的个人品德建设的核心内容。

在茶廉文化中，修身不仅是一种道德追求，更是一种生活方式。茶的清心寡欲的功效和高雅的品茗方式，成为人们追求修身养性、内心平静和谐的精神象征。人们通过品味茶香，感悟修身的精神品质，不断提升自身的品德修养和价值观念。

总之，茶廉文化是一种具有深厚历史底蕴和现实意义的文化形态。它以茶为媒介，强调廉洁、诚信、公正、奉献、修身等精神品质，传承和弘扬了中华优秀传统文化，推进了廉政建设和反腐败斗争，促进了社会和谐稳定和人的全面发展。在当今社会中，推广茶廉文化具有重要的现实意义和历史使命。

第二节 茶廉文化的地域性与民族性特色

茶廉文化的地域性和民族性是其传承和发展的重要特征之一。在传承和弘扬茶廉文化的过程中，应当注重保护和传承各地区、各民族的茶文化传统和习俗，让其在现代社会中焕发出新的生机和活力。

一、茶廉文化的地域性特色

不同地区的文化传统和历史背景对当地的茶廉文化产生了深远的影响。例如，江南地区的文人墨客在品茗论道中，将茶道与禅宗相结合，形成了"清静淡泊"的茶道精神。而在四川地区，川茶文化与当地的历史、风土人情紧密相连。在这里，茶馆成为人们社交、休闲的重要场所，也成为传播川西平原独特文化的场所。这些地域文化对当地的茶廉文化产生了深刻的影响，形成了各具特色的茶文化传统。

茶廉文化的地域性体现在多个方面。从茶叶种植与生产到社会功能以及与旅游产业的结合等方面,都体现了不同地区独特的文化魅力和历史传承。在传承和弘扬中国传统文化的过程中,应充分挖掘并传承各地区的独特文化和魅力,进一步丰富和发展中国的茶廉文化。

（一）茶叶产区的地域特色

中国的茶叶产区分布广泛,不同产区的茶叶的品种、种植方式、制作工艺等都有所不同。这些不同产区的茶叶具有各自的地域特色和独特口感。例如,西湖龙井、安溪铁观音、云南普洱等名茶都有其独特的产地和品质特点,这些名茶的品质与当地的气候、土壤、水质等自然条件密切相关。在茶廉文化中,茶叶产区的地域特色不仅体现在茶叶品质的提升上,还体现在对当地文化的传承和保护上。通过了解不同产区的茶叶的特点和历史背景,人们可以更好地理解和欣赏中国茶文化的多样性和丰富性。

（二）茶艺与茶道的地域特色

不同地区的茶廉文化中,都有具有当地特色的茶艺与茶道表演。这些表演形式不仅展示了当地人民的智慧和技艺,也传承和弘扬了中国的传统文化。例如,福建的"闽南功夫茶"、广东的"潮汕功夫茶"等都具有独特的泡茶技巧和表演形式,这些表演形式注重礼仪规矩和精神内涵,将茶艺与茶道相结合,体现了当地人民的道德观念和文化修养。通过学习和欣赏不同地区的茶艺与茶道表演,人们可以更好地了解和体验各地的茶廉文化。

工夫茶里说功夫

　　是工夫茶,还是功夫茶?常有争论。但在早期的茶叶书籍与学术笔记中,两个名词是并行不悖的。从清代规模最大的茶书《续茶经》,到朴学大家王鸣盛的学术笔记《蛾术编》,都可以从中找到证据。工夫茶最初的定义是指明末清初时乌龙茶系的一个特殊类别,即一类上等的武夷茶。其后语义不断发生变化,或被认定为一类红茶,或成为一种特殊行茶方式的指代,这种多元概念并存的状态一直持续至今。

　　“工夫”一词,可追溯到葛洪《抱朴子·遐览》:“艺文不贵,徒消工夫。”这里的“工”,是指做事所费的时间与物质,“夫”是指做事时所花的人力。“工”与“功”同音通假,二者的含义没有差异。正德年间,阳明心学对《大学》中的“格物致知”的理解与宋朝的朱熹不尽相同,但“致知”须用“工夫”的意见则是一致的。

　　明末紫砂壶与景德镇瓷器的出现,为工夫茶的出现提供了物质条件。奉行“知行合一”的士人对物质生活特别讲究,明末以来,国人对工夫茶赋予了不少哲理意趣。

阳明后人王草堂晚年生活在武夷山,著有《茶说》一书。陆廷灿的《续茶经》云:"独武夷炒焙兼施,烹出之时半青半红,青者乃炒色,红者乃焙色也。茶采而摊,摊而挞,香气发越即炒,过时不及皆不可。既炒既焙,复拣去其中老叶枝蒂,使之一色。释超全诗云:'如梅斯馥兰斯馨,心闲手敏工夫细。'形容殆尽矣。""武夷造茶,其岩茶以僧家所制者最为得法。"研究者将释超全所提"工夫细"与工夫茶联系起来,认为茶是百姓日用之物,可以说是形而上的"工夫之道",由形而下的"茶之器"进行承载。

陆廷灿的《续茶经》引《随见录》指出:"武夷茶,在山上者为岩茶,水边者为洲茶。岩茶为上,洲茶次之。岩茶,北山者为上,南山者次之。南北两山,又以所产之岩名为名,其最佳者,名曰工夫茶。"这是目前可见最早的对工夫茶的明确定义。

梁章钜《归田琐记》记有:"今城中州府官廨及豪富人家,竞尚武夷茶,最著者曰花香,其由花香等而上者曰小种而已。山中则以小种为常品,其等而上者曰名种,此山以下所不可多得,即泉州、厦门人所讲工夫茶,号称名种者,实仅得小种也。"作为晚清著名人物,梁章钜晚年所著笔记小说《归田琐记》颇为引人注目,文中将上等的武夷茶称之为工夫茶,而不是功夫茶。可见两者的称谓,直至晚清还没有固定。

在鸦片战争前后的多数史料记载中,工夫茶的定义与《续茶经》中的定义无太大差别。近代中国本土出版的第一份中文报刊《东西洋考每月统记传》有记录:工夫茶与大茶、拣焙茶、白毫茶、小种茶、熙春茶、雨前茶、屯溪茶、皮茶、珠茶等并列。第一家在上海出版的中文报刊《六合丛谈》创刊号有茶叶报价单,将茶叶分为三种:工夫茶、绿茶、红茶。从以上两则史料来看,处于通商口岸的城市,仍然认为工夫茶是武夷茶的代名词,与绿茶、红茶及花茶并列为出口茶叶品种之一。

此外,工夫茶除指武夷茶,也被定义为闽南民系通行的一类行茶方式,或被认为是一个红茶品种。三种说法同时存在,使用者择时、择机、择地并行混用。

清朝名士袁枚精于美食,留下了有关品饮武夷茶的描述:"余向不喜武夷茶,嫌其浓苦如饮药。然丙午秋,余游武夷到曼亭峰、天游寺诸处,僧道争以茶献。杯小如胡桃,壶小如香橼。每斟无一两。上口不忍遽咽,先嗅其香,再试其味,徐徐咀嚼而体贴之。果然清芬扑鼻,舌有余甘。一杯之后,再试一二杯,令人释躁平矜,怡情悦性。始觉龙井虽清而味薄矣,阳羡虽佳而韵逊矣。"由此可见,工夫茶这类特殊行茶方式,现今虽兴盛于闽南粤东,但武夷茶所在的闽北产区才是其勃兴之所;同时说明此种行茶方式,也是建立在武夷茶基础之上的,与工夫茶概念最早出现的区域大有联系。

清朝俞蛟的《潮嘉风月记》中,有工夫茶一节,专讲工夫茶烹治之法,行茶的茶具尤其精致。工夫茶又有了更丰富的含义:

"工夫茶,烹治之法,本诸陆羽《茶经》,而器具……精致。炉形如截筒,高约一尺二三寸,以细白泥为之。壶出宜兴窑者最佳,圆体扁腹,努嘴曲柄,大者可受半升许。杯盘,则花瓷居多,内外写山水人物,极工致,类非近代物……制自何年,不能考也。炉及壶盘各一,惟杯之数,则视客之多寡。杯小而盘如满月。此外尚有瓦铛、棕垫、纸扇、竹夹,制皆朴雅。壶盘与杯,旧而佳者,贵如拱璧,寻常舟中,不易得也。先将泉水贮铛,用细炭煎至初沸,投闽茶于壶内,冲之。盖定,复遍浇其上,然后斟而细呷之。"

这段文字详细描述了作为一类特殊行茶方式的工夫茶的定义。茶具有:细白泥炭炉,陈旧但气息极佳的宜兴紫砂壶,花瓷小杯,闽茶,其他冲泡用具及冲泡、品饮方式。除了烧水工具有时使用电水壶外,文中描述的历史场景与现今几乎相同。作为一种行茶方式的工夫茶的名气也越来越大。

同属闽南语系的泉州、厦门、漳州、潮州等处居民,行茶方式高度相似。这类冲泡方式在此区域获得了高度认同,旅居此区域的外乡人及国内非闽南语系的观察者有相近的发现。此外,旅居在外的闽南语系人群无论品茗与否,也乐意将这种行茶方式介绍给其他区域的民众。喝工夫茶不是某个阶层的特权,而是大众的一种生活方式,甚至是一种生活艺术。

由于紫砂壶技术的发展,大壶逐渐变为小壶,小壶小杯成为工夫茶的标配。兼顾实用与美学,是江南雅器的一贯风格。紫砂器具的小型化、生活化,最重要的是商品化,为作为行茶方式的工夫茶的大规模推广,奠定了扎实的基础。现在,在茶叶划分为六大茶类的情形下,甚至出现了哪一类茶叶适合哪一种紫砂泥料的细分匹配。

明代洪武年间开始设立御窑厂，在永乐、宣德年间达到高峰。然而，御窑厂虽然规模宏大，产品数量不少，还是远远满足不了日益增长的社会需求。万历三十六年（1608年），停止烧造御窑。民窑器物开始兴起，所出产品虽与御窑无法相比，但装饰艺术形式十分丰富。就题材而言，几乎不见传统的富贵图案，取而代之的有松、竹、梅、兰及螃蟹、蟋蟀小虫之类图案，被用作闽南粤东的工夫茶杯。当明末清初社会物质生产发展到一定阶段，尤其是武夷岩茶开始出现，紫砂壶与景德镇瓷器开始量产，作为行茶方式的工夫茶才得以横空出世。

英国人在《格致汇编》中将工夫茶指为一类红茶："中国各省之茶，其味与色不同，略因其泥土、地气及茶种与采之时、并炒之法等事。最佳之茶产在赤道北二十七度至三十一度之间，其处山不甚高，为百岭山之分岭，最宜种茶。西人以中国茶叶分为黑、绿二种，黑者如武夷茶、工夫茶、小种茶、白毫茶等。"可见，早期西方人将中国茶叶简单分作红茶与绿茶，认为工夫茶是红茶的一个类别。

最初英国进口的茶叶，几乎全为绿茶。18世纪后半期，绿茶逐渐不受欢迎。我国红茶输出开始增多。日益崛起的美国茶商按照自己的认知，对工夫茶进行重新定义，指其为红茶。

在发行量极大的《申报》上，还有将工夫茶归为红茶的报道，如："沪上茶商各茶栈及茶行，自俄国内乱停办红茶后，绿茶交易，亦均减色。茶栈直接受亏，茶行虽不恃销洋庄，而红茶不去，市面步跌。茶行进货，向山客采办，成本亦大。全年跌价亦受间接之损失。以是去年遂由茶行之茶业会馆提议，于本年内停办一年，以冀疏通上海存茶，现存之工夫茶（红茶名称）尚有五万余件之多。"作者在文中没有绕圈子，括号中表明，工夫茶是红茶的一类。

当然也有反例，将红茶以外的茶叶称为工夫茶。如1939年有美国茶叶商人将进口茶叶大致分为两种：白毫茶与工夫茶。

无论是国内茶叶行业，还是欧美形形色色的茶叶商，均没有统一对工夫茶的标准称谓。

从已有资料看，工夫茶称谓出现在前，但工夫茶与功夫茶一直存在混用的情况。有操潮汕方言的学者从语音角度指出，工夫茶与功夫茶在潮汕语中发音有区别，"按潮州声韵分部，'工'属'江'韵，'功'属'忠'韵"，认定此为两者不同原因之一，所以只有"工夫茶"这个表述才为正解。但在最早出现工夫茶概念的武夷山茶产区，"工夫"与"功夫"的发音并无区别。

改革开放前，潮州工夫茶抑或功夫茶，似乎并没有今日的名气，与其并列的还有福建的汀州、漳州与泉州工夫茶。民国年间有文章称："品茗一式，本为雅人深致，而讲究最精者，尤重闽之汀漳泉三府，及粤之潮州府为最，且其器具亦精绝。据闻用长方磁盘，壶一而杯四，壶以铜制，或则宜兴。壶仅如拳，杯则如胡桃，茶必用武夷。"这篇文章指明了工夫茶兴盛的大致区域，描述了茶具的材质、形状、大小与茶叶的种类。

在工夫茶含义的转变中，国人的审美趣味发挥了关键作用。工夫茶语义的转化，是江南风雅之物（紫砂壶、若琛杯）与东南沿海茶叶（武夷茶）的融合创新。在一杯茶汤的起承转合中，既有茶事爱好者进行"知行合一"生命探寻的历程，又有人与自然和谐共处的文明形态。

（资料来源：黄剑《光明文化周末：工夫茶里说功夫》，《光明日报》2022年12月9日，略有改动）

（三）茶礼与茶俗的地域特色

不同地区的茶廉文化中，都有具有当地特色的茶礼与茶俗。这些礼仪和习俗反映了当地人民的生活习惯和文化传统。例如，潮汕地区的功夫茶是一种具有独特泡茶技巧和表演形式的饮茶习俗，它不仅是一种社交礼仪，还是一种传统文化。在潮汕地区，人们用小杯喝茶，不仅表达了对客人的尊重，也体现了茶的"清、敬、和、美"的核心理念。这些茶礼与茶俗丰富了中国的茶文化宝库，也体现了茶廉文化的地域性。

（四）茶廉文化社会功能的地域特色

在不同的地区，茶廉文化具有不同的社会功能。在南方地区，饮茶被视为一种社交礼仪和休闲方式，人们在品茗论道中交流思想、增进感情。而在北方地区，茶廉文化则更注重其药用价值和养生功能。此外，不同地区的茶廉文化还具有各自的地方特色和民俗风情。例如，客家人的擂茶、藏族的酥油茶等都具有浓郁的地方特色和民族风情。这些不同地区茶廉文化的社会功能体现了其地域性和民族性。

二、茶廉文化的民族性特色

茶廉文化作为中国传统文化的重要组成部分,具有鲜明的民族性。这种民族性不仅体现在不同民族的茶廉文化表现形式上,还体现在其与当地历史、文化、风土人情的融合上。

(一)茶廉文化的多元性

中国是一个多民族国家,不同民族有着不同的茶廉文化。例如,藏族的酥油茶、蒙古族的奶茶、维吾尔族的香茶等都具有独特的制作方法和文化内涵。这些不同民族的茶廉文化不仅在口感、香气、制作工艺等方面各有特色,更在茶廉文化传承中融入了各自民族的信仰、礼仪和风俗。通过了解和品味不同民族的茶廉文化,可以更好地理解和欣赏中国茶文化的多元性和丰富性。

(二)茶礼与茶俗的独特性

不同民族的茶廉文化中,都有具有民族特色的茶礼与茶俗。这些茶礼与茶俗反映了当地人民的生活习惯和文化传统。例如,白族的三道茶是白族人待客的重要礼节,人们用双手捧着茶碗敬茶,以表达对客人的尊重。此外,不同民族的茶廉文化中还有许多独特的茶礼与茶俗,如土家族的油茶汤、回族的刮碗子茶等。这些茶礼与茶俗丰富了中国的茶文化宝库,也体现了茶廉文化的民族性。

(三)茶艺与茶道的民族性

不同民族的茶廉文化中,都有具有民族特色的茶艺与茶道表演。这些表演形式不仅展示了当地人民的智慧和技艺,也传承和弘扬了中国的传统文化。例如,福建的"闽南功夫茶"、广东的"潮汕功夫茶"等都具有独特的泡茶技巧和表演形式,这些表演形式注重礼仪规矩和精神内涵,将茶艺与茶道相结合,体现了当地人民的道德观念和文化修养。通过学习和欣赏不同民族的茶艺与茶道表演,人们可以更好地了解和体验各地的茶廉文化。

第三节　茶廉文化的基本理念与价值观

一、茶廉文化的基本理念

茶廉文化的理念体现了人们对自然、他人和社会的尊重与关爱,也体现了人们对自我成长与精神追求的重视。它有助于引导人们树立正确的价值观念,提升道德水平,促进社会的和谐与进步。在当今社会中,我们应当深入研究和传承茶廉文化的基本理念,发挥其在现代社会中的积极作用,为构建一个更加和谐、文明的社会做出贡献。茶廉文化的基本理念包括以下几个方面。

（一）崇尚自然

茶廉文化强调人与自然的和谐共生,尊重自然、崇尚自然。茶产自山林之间,汲取自然之精华,具有独特的生态属性和文化内涵。茶廉文化注重保护生态环境,尊重茶叶生长规律,追求天然、纯正的品质,体现出对自然的敬畏和感恩。

（二）推崇简朴

茶廉文化倡导简朴、清廉的生活方式。在物质生活上,茶廉文化追求朴素、节俭,反对奢华和过度消费。在精神生活上,茶廉文化注重内心宁静、平和,倡导人们在日常生活中保持一种简单、质朴的生活态度,以清廉自律的精神风貌来约束自己的行为。

（三）注重品质与品味

茶廉文化注重茶叶的品质和口感,强调细细品味、享受茶的美妙。茶叶的品质直接关系到茶汤的口感和效果,因此茶廉文化注重茶叶的产地、采摘、制作等环节。同时,茶廉文化也强调品味,通过品茗的过程来感悟生活的美好和人生的真谛。

（四）推崇礼仪与规范

茶廉文化推崇礼仪和规范，注重以礼待人、以敬待事。在茶道表演中，茶人之间的相互礼让、尊重和友爱得以体现。同时，茶廉文化还强调规范，注重遵守规则、遵守纪律，反对随意和放纵的行为。

（五）追求和谐与共进

茶廉文化追求和谐与共进，主张在和谐的环境中实现个人和社会的共同进步。在人际交往中，茶廉文化注重和谐、友善的人际关系，尊重他人的权利和尊严。在社会层面，茶廉文化强调公正、公平的社会秩序，反对腐败和不公的行为。

▌二、茶廉文化的价值观

茶廉文化的价值观主要体现在尊重自然、崇尚简朴、注重品质与诚信、弘扬文化与传承文明、促进和谐与共进以及创新发展与开放包容等方面。这些价值观不仅体现了对自然、他人和社会的尊重与关爱，也体现了对自我成长与精神追求的重视。

（一）崇尚简朴，追求清廉

茶廉文化倡导简朴、清廉的生活方式。在物质生活上，茶廉文化追求朴素、节俭，反对奢华和过度消费。在精神生活上，茶廉文化注重内心宁静、平和，倡导人们在日常生活中保持一种简单、质朴的生活态度。同时，茶廉文化也强调清廉自律的精神风貌，以清廉为荣，以贪污为耻，追求清廉的政治和社会风气。

（二）注重品质，讲求诚信

茶廉文化注重茶叶的品质和口感，强调细细品味、享受茶的美妙。茶叶的品质直接关系到茶汤的口感和效果，因此茶廉文化注重茶叶的产地、采摘、制作等环节。同时，茶廉文化也强调诚信经营的原则，商家要诚实守信、不欺诈消费者，确保茶叶产品的真实性和可靠性。这种注重品质和讲求诚信的价值观体现了对消费者权益的保护和对产品质量的追求。

（三）注重礼仪，讲究规范

茶廉文化注重礼仪与规范，强调以礼待人、以敬待事。在品茗过程中，茶人之间的相互礼让、尊重和友爱得以体现。同时，茶廉文化还强调遵守规则、遵守纪律，反对随意和放纵的行为。这种注重礼仪与规范的价值观有助于维护社会秩序和公共道德。

（四）追求精神境界，完善人格

茶廉文化追求精神境界与人格完善的境界。通过品茗的过程，人们可以陶冶情操、颐养身心，感悟人生的意义和价值。茶廉文化注重培养人的内在品质和精神追求，鼓励人们追求真善美的境界。这种追求精神境界与人格完善的价值观有助于提升人们的道德水平和精神文明程度。

第二章

中国茶文化发展史

　　茶的探索和应用代表了中华民族为全球做出的极大努力和重要贡献。茶文化是指通过茶这一媒介来传递各种不同的文化，它代表了茶与文化之间的完美结合。中国的茶文化深深植根于中华文化的丰富传统之中，随着时间的推移，它从物质层面逐步升华到精神层面，成为中华文化的一个核心部分，并在推动社会向前发展中成为不可或缺的角色。

第一节　茶文化的萌芽时期

　　清代初期的学者顾炎武在他的著作《日知录》中明确表示,茶在各地的饮用习惯是在秦国合并了巴蜀之后逐渐传播的。这表明,中国以及全球的茶文化最初是在巴蜀地区发展起来的。顾炎武的这一观点,为中国历代关于茶的起源提供了统一的解释,并得到了现今大部分学者的认同。因此,巴蜀经常被誉为中国茶叶产业或茶文化的发源地。

一、茶叶的发现和利用

　　我国是世界上第一个发现并开始使用茶的国家。陆羽在其著作《茶经》中提到:"茶之为饮,发乎神农氏,闻于鲁周公。"有传言称"神农尝百草,日遇七十二毒,得茶而解之"。荼,即今之茶。茶最初是中国古代先民在寻找各种食物和治疗疾病的药物时发现的,最初作为药物使用,随后逐渐演变为人们的食物和饮料。因此,中国对茶的发现和应用已经有超过 5000 年的历史。

茶叶在祭祀活动中的使用,在西周时期就已经有了详细的记录。《周礼·地官司徒第二》云:"掌荼(即茶)掌以时聚荼,以共丧事。""掌荼"部门是一个专门的机构,它的主要任务是为朝廷的祭祀活动及时收集茶叶。当时,负责这个部门的人员规模相当大,《周礼·地官司徒第二》中有关"掌荼"的记载如下:"掌荼,下士二人,府一人,史一人,徒二十人。"可见周朝对于用茶进行祭祀的行为给予了高度重视。

根据《华阳国志》的记载,在公元前 1000 年左右,周武王征服纣王后,巴蜀地区已经开始使用当地生产的茶叶作为贡品。这是关于茶作为贡品的较早文献记录。

趣味小故事

神农尝百草

神农氏是中国上古时期的传奇人物,与伏羲氏、燧人氏并称为"三皇"。他除了发明农耕技术,还发明了医术,制定了历法,开创了九井相连的水利灌溉技术等,神农氏名号即因他发明农耕技术而来。传说神农氏一生下来就是个"水晶肚",五脏六腑全都能看得见,还能看得见吃进去的东西,而且一旦吃到有毒的食物肠子就会变黑。古时人们经常因乱吃东西而生病,甚至丧命。为此,神农氏跋山涉水,尝遍百草,找寻治病解毒的良药。有一天他吃了 72 种有毒的植物,肠子变黑了,后来又吃了另一种叶子,竟然把肠胃里其他毒都解了。神农氏就把这个东西叫作"查"(音通我们现在所说的茶),这就是"神农尝百草,日遇七十二毒,得荼(即茶)而解之"的传说。可见,茶最早是被作为药用引入的,具有很强的解毒功效。

有关神农氏,《庄子》一书中有"神农之世,卧则居居,起则于于,民知其母,不知其父"的记载。由此可见,神农以茶解毒的传说应发生在母系氏族社会向父系氏族社会转变的时期,距今已有几千年的历史。因此,如果把神农氏作为中国使用茶叶的鼻祖,那么中国人使用茶叶的历史已经有数千年了。

(资料来源:《茶是怎么被发现的》,百度文库,略有改动)

二、 关于"茶"这个字的起源

在古代的文献资料中,关于茶的最初描述可以追溯到《诗经》里的"茶"这个字。《诗经》是在春秋时期编写的,其中包含了从周代初期到春秋中期的 300 多首诗歌。《诗经》中,多处出现了"茶"这个字,例如:在《七月》中有"采茶薪樗,食我农夫";在《谷风》中有"谁谓茶苦,其甘如荠"。

关于《诗经》里的"茶"这个字,有些人认为它代表茶,而另一些人则认为它代表"苦菜",但至今对此的理解仍然存在分歧,难以达成共识。

邓乃明认为,在编写《诗经》的那个时代,中国的政治、文化和经济中心位于北方。《诗经》中的许多传说、故事等大多起源于北方。《诗经》主要描述了以黄河流域为中心的社会文化,而茶是南方的木本植物。由于茶树的起源地在当时是未开化的地区,所以《诗经》中的"茶"字并不能直接指代茶。

陈椽则认为,在古代,"茶"这个字具有多重含义,并不只是指代茶。在鉴别古籍中的记载时,我们必须根据当时的实际情况来确定所指的是什么。茶不仅仅指茶,它还涵盖了苦菜、茅莠等。

朱自振在《茶史初探》里,从音节的视角对其进行了分类,分为单音节与双音节两大类。他从"茶"这个字开始,对槚、蔎、茗、荈这些字进行深入的研究和考证,探讨了我国早期文献中双音节茶名和茶义字的来源,特别是巴蜀地区,并且得到了广泛的认可。我国茶的单音节名称和文字很可能也受到了巴蜀双音节茶名在省称和音译方面不同词汇的影响。研究证实,《茶经》中的槚、蔎、茗、荈等字实际上起源于巴蜀上古茶的双音节方言。不仅是我国,甚至全球的茶名和茶字都起源于巴蜀,巴蜀被誉为我国乃至全球茶和茶文化的发源地。

三、 茶业的发展

位于巴国西侧的蜀国,在当时也是茶叶生产的地区。西汉时期的扬雄在其《方言》中提到:"蜀人谓茶曰葭萌。"在《华阳国志》中,描述了"蜀王别封弟葭萌于汉中,号苴侯,命其邑曰葭萌焉"。蜀王之弟不只是以茶命名,他的封邑也是以茶命名的,这足以证明这个后来的茶叶产区在先秦时代就已经开始了茶文化的相关活动,并且产生了深远的影响。在《华阳国志》中,也有关于"什邡县(今什邡市)山出好茶"的记载,南安(今四川乐山市)和武阳(今四川彭山区)都是著名的茶叶产地,这表明该地区在当时已经有了茶叶的种植历史。

秦统一中国之前,巴蜀地区一直是中国茶叶的生产、消费和技术中心。秦统一中国之后,饮茶文化逐渐盛行起来。

拓展阅读

巴蜀茶文化

茶文化是中国传统文化的组成部分,极具地方特色的中国茶文化源于西南片区,所以巴蜀茶文化是中国茶文化的一个重要组成部分。通常巴蜀指的是古代的四川,但是实际上也包括今天的四川及其附近地区。

在此,笔者将通过具体的一个茶馆来透视巴蜀的茶文化。经常会有这样一种现象:外地游客来四川游玩,不难发现在很多著名景区都能看见许多茶馆。也许你会讶异这么一座繁华光鲜的城市竟然会推崇这种清新自然的喝茶传统,但如果你了解巴蜀的茶文化,你就会了解巴蜀人民对喝茶这门艺术有执念的原因,你也可以在都市的忙碌中学会放下生活的节奏,喝一杯茶,将烦心事抛下,安静地遐思,享受片刻的宁静。

据考证,巴蜀之地是我国茶叶兴起地之一,"天府之国"的称号可不是浪得虚名,这里土壤肥沃,气候温和,十分适合茶叶的生长。唐代陆羽《茶经》说:"茶之为饮,发乎神农氏,闻于鲁周公。"中国早期的茶事与巴蜀地区相关。西晋孙楚《出歌》云:"姜桂茶荈出巴蜀。"在巴蜀地区,不仅有着早期的茶树遗迹,还有着早期人类的生活遗迹。

在古代,茶叶是人们重要的食物,可作药用。这一点在现代社会也适用。茶叶不仅可日常饮用,还可使食物清新可口,使人们保持健康。时代在发展,但是茶叶的地位并没有下降,反而在一步步的发展中形成了源远流长、博大精深的茶文化。文化是一种精神产品,而精神产品面向世人必须要产生一些物质产品。茶文化虽然是很抽象的一个概念,但我们饮茶就是一件具体的事情。清初学者顾炎武在其《日知录》中说:"自秦人取蜀而后,始有茗饮之事。"可见,在巴蜀地区,茶作为一种饮品被广泛传播,在饮茶的过程中,茶艺也就衍生出来了。这是茶文化的一种艺术表达方式。

饮茶是一种享受,中国人民很久以前就有了饮茶的习惯,不得不说饮茶这种传统的延续是文明的一种传播。而茶馆又是茶文化的一个缩影,想要了解茶文化就得走访茶馆来深入探究。由于四川盛产茶,加上气候湿热,四川人民嗜辣,茶水不仅物美价廉,还可以起到清热下火的功效,茶馆也就应运而生。

茶馆的位置很有讲究,一个好的茶馆要接近水源或者自然景观。茶馆身处闹市或郊区都不要紧,能让人放松心情即可。茶馆也有其需要具备的其他条件。茶叶对茶馆尤其重要,不仅讲究而且种类要齐全。更要注意不同的时令应饮用适宜的品种,误饮效果会适得其反。泡茶用的水也很重要,茶水是否沁人心脾不仅要看茶叶,还得看水。泡茶的铜壶起到了画龙点睛的作用。以成都著名的盖碗茶为例,茶碗的碗口敞大、碗底圆小,这样有利于开水的添加,便于茶叶和水的混合。茶盖不仅可以散热,而且能够使茶香慢慢沁出;茶托则可以稳定茶碗的重心。桌椅是茶馆的外在设施,也能影响茶馆内客人的心境,椅子的高度、桌垫的松软度都是很值得考究的。掺茶师的技术也是极其关键的,他要具备识别茶叶的能力和提壶倒茶的硬功夫,这关系到茶叶能不能更加甘美。由此可见,一个茶馆若是想要吸引客人,还是得下不少工夫的。在茶馆里,你可以无所拘束,感受浓浓的茶文化氛围。点一杯茶,安静地品尝其中的甘苦,这不也就是人生吗? 在苦涩下也有着香甜,就像人生的道路尽管曲折,但是初心不变就已足够。从一杯茶里也可以联想到人生的起起落落。

通过茶文化的一个缩影来简单地看巴蜀茶文化,巴蜀茶文化的发展是一个循序渐进同时又不断创新发展的过程。巴蜀茶文化是传统茶文化的一个重要分支,了解一个地区的文化能够让我们更好地融入这个地区。在茶馆里喝茶的传统能够很好地保存,也是因为人们对茶文化的重视。对待传统文化中的精华,我们应该加以宣传并发扬光大,使中华文明更加璀璨。每一个人都是传播中华文明的使者,我们有责任也有义务去弘扬中华优秀文化。

品一杯茶,宠辱不惊,闲看庭前花开花落;去留无意,漫随天外云卷云舒。在一个小小的茶馆里看大大的世界,徜徉在博大精深的茶文化里。人生很长也很短,享受片刻的安宁,在闲暇时给自己放个假,让自己融入温馨清香的环境里,感受生命的美妙,体会文明的光辉。

(资料来源:王爱迪《巴蜀茶文化》,西南交通大学中华传统经典普及基地官网,2016 年 4 月 24 日,略有改动)

第二节　茶文化的发展时期

秦代、汉代直至南北朝,是我国茶叶产业的兴盛阶段。在这个阶段,我国的茶叶种植区域逐步扩张,并开始向东部迁移;茶叶不仅作为商品在全国范围内传播,还作为药品、饮品、贡品和祭品得到了广泛的使用;南方各地都有饮茶的传统。

西汉时期蜀地的王褒撰写的《僮约》成为描述我国古代茶叶产业的较早文献。"武阳买茶"和"烹茶尽具"这两句话描述了在武阳(今四川省彭山区)已有茶叶交易。这表明在西汉时期,四川的茶叶生产已经开始规模化,并且茶叶集散市场已经建立起来。

秦汉时期,巴蜀地区与其他地方的经济和文化交流逐渐加强,这使得茶叶的加工和种植首先在西南地区得到推广。《茶经》引《茶陵图经》云:"茶陵者,所谓陵谷生茶茗焉。"表明有的地方以产出的茶叶为命名依据。

在汉代,人们已经对茶的健康益处和药用价值有了深入的认识。西汉时期的司马相如在其著作《凡将篇》中,详细描述了当地的中草药,包括乌喙、桔梗、芫华、款冬、贝母、木蘗、蒌、芩草、芍药、桂、漏芦、蜚廉、藿菌、荈诧、白蔹、白芷、菖蒲、芒硝、莞椒、茱萸。而在这些草药中,荈诧特指茶。东汉华佗在其著作《食论》中写道:"苦茶久食,益意思。"

三国时期,荆楚两地的茶叶生产水平与巴蜀地区相当。魏人张揖在《广雅》中提到:"荆巴间采叶作饼,叶老者,饼成,以米膏出之。欲煮茗饮,先炙令赤色,捣末,置瓷器中,以汤浇覆之,用葱、姜、橘子芼之。其饮醒酒,令人不眠。"此处详细描述了当时采茶、制茶、煮茶的方法以及茶的各种功效。"荆巴间采叶作饼,叶老者,饼成,以米膏出之",这一说法可以被认为是我国关于制茶历史的最早记录,同时也证实了在三国及之前,我国生产的茶叶主要是饼茶。

两晋南北朝时期,长江流域的饮茶文化得到了较为广泛的推广和发展,相关的文献资料也逐步增加,出现了专门以茶为主题的文学创作。例如,西晋文学家左思的《娇女诗》中的"止为茶荈据,吹嘘对鼎𨫼"和张载的《登成都白菟楼》中的"芳茶冠六清,溢味播九区"等诗句。随着时间的推移,饮茶的习惯在各个社会阶层中变得日益普及。如今,品茶的目的已经超越了单纯的解渴,逐渐成为社交活动的一部分,被用于宴请、招待客人等。与此同时,茶也与精神紧密相连,成为一种表达情感和精神的方式。

在晋代,皇家和名门望族沉溺于奢侈和权力斗争中。流亡至江南之后,一些人吸取教训,摒弃了奢侈的生活方式,提倡以朴素生活为荣。《晋中兴书》中有关于吴兴太守陆纳招待卫将军谢安的记载,"所设唯茶果而已"。他的侄子陆俶担心太过寒酸,擅自准备了丰富的食物和酒,遭到了陆纳的惩罚。

从魏晋时期开始,时局混乱,文人和学者都崇尚玄学和清谈的风气。这群清谈家从最初的评价人物到后来主要以讨论玄学为核心,整天聊天,用茶来助兴,因此产生了大量的茶人。到了东晋时期,佛教开始广泛传播,玄学与佛学逐渐融合。玄学最初是将老庄的哲学思想与儒家的经义相结合,逐渐演变为融合了儒道佛三大哲学体系。由于茶具有清淡和虚静的特性,以及抗睡和治疗疾病的功能,因此深受喜爱。显然,玄学在构建中国茶道思想体系方面有着不可忽视的作用。

趣味小故事

王褒《僮约》

《僮约》是西汉文学家王褒较有特色的作品,记述了他在四川时亲身经历的一件非常有趣的事情。

据史料记载,西汉宣帝神爵三年(公元前59年)正月,资中(今四川资阳)人王褒外出,途经成都寡妇杨惠家。在做客期间,王褒让杨家奴仆便了(人名)去买酒,便了却跑到杨惠丈夫的墓前抱怨:"大夫买我时契约上只写明看家,没说要替别人家的男子买酒啊!"王褒知道了这件事很生气,就在正月十五这天,花了一万五千文铜钱从杨氏手中买下便了为奴,以便对他进行管束。便了虽然不情愿,却也没有办法,不过他要求:"既然如此,您要像杨家买我时那样,把我应当做的事在契约中写明白,不然我可不干。"

王褒擅长辞赋,精通六艺,为了让便了得到教训,就写下了一篇题为《僮约》的契约,文中洋洋洒洒,事无巨细,约定了便了必须听从各种安排,还罗列了具体工作内容。在《僮约》中有两次提到茶,就是"脍鱼炰鳖,烹茶尽具"和"武阳买茶,杨氏担荷"。"烹茶尽具"意为煎好茶并备好洁净的茶具,"武阳买茶"意为赶到邻县的武阳将茶叶买回。"烹茶尽具"反映了当时成都一带,饮茶已成风尚,在富豪之家,饮茶还有专门的用具。而"武阳买茶"则反映了成都附近,由于茶的消费和贸易需要,茶叶已经商品化,还出现了茶叶市场。

(资料来源:根据网络资料整理而成)

第三节　茶文化的兴盛时期

隋、唐、宋、元时期是我国茶叶行业的繁荣期。种植茶叶的规模与领域持续增长,生产和贸易的中心迁移到了浙江和福建地区。全国各地都有饮茶的风尚,关于茶的书籍也陆续面世。

一、唐代茶文化

唐代是茶文化历史上的一个重要转折点,茶史专家朱自振写道:"在唐一代,荼去一划,始有茶字;陆羽作经,才出现茶学;茶始收税,才建立茶政;茶始销边,才开始有边茶的生产和贸易。"简言之,正是在唐代,茶叶的生产开始蓬勃发展,同时茶文化也逐渐确立。唐代的茶文化在中国茶文化历史进程中占据了重要的地位,主要体现在以下几个方面。

1. 全民饮茶蔚然成风

隋唐初期,茶事活动得到进一步发展,饮茶之风在北方地区传播开来,王公贵族开始以饮茶为时髦。封演的《封氏闻见记》记载:"开元中,太山灵岩寺有降魔师大兴禅教,学禅务于不寐,又不夕食,皆恃其饮茶。人自怀挟,到处煮饮。从此转相仿效,逐成风俗。起自邹、齐、沧、棣,渐至京邑。城市多开店铺,煎茶卖之,不问道俗,投钱取饮。其茶自江淮而来,舟车相继,所在山积,色类甚多。"也就是说,在盛唐时期,禅宗允许僧侣饮茶,而这正是禅宗迅速普及的时期,世俗社会的人们也开始模仿僧侣的饮茶习惯,从而加速了饮茶的普及,饮茶迅速成为整个社会的一种习惯。

2. 茶学著作相继问世

唐德宗建中元年（780年），陆羽的《茶经》经修订后定稿，《茶经》被誉为全球首部关于茶学的专业著作。自古以来，茶人们对茶文化的各个层面都经历了无数次的探索和尝试，直到《茶经》问世后，茶的使用变得非常普遍。这也标志着饮茶从南方独特的文化现象逐渐演变为全国范围内的"比屋之饮"，因此，它的诞生具有深远的历史意义。首先，它采用了"茶"这个统一的名字，替代了过去各个时代和地区对茶的许多称呼；其次，在此书中陆羽概括了茶的自然和人文科学双重内容，从品茶名、论茶具、采茶法、煮茶水、煎茶术、饮茶法、茶产地等几个方面对中国从周代到唐代的饮茶经验进行了梳理，并深入探讨了中国独特的饮茶艺术。陆羽是第一个将中国的儒家、道家和佛家思想文化与饮茶文化相结合的人，从而开创了中国茶道精神的先河。在"茶之器"的描述中，这一特点尤为明显，不论是一个炉子还是一个釜，它们都深深地体现了我国传统文化的核心价值。

更为关键的是，《茶经》不仅详细阐释了饮茶的健康益处，还明确地将其提升到了精神和文化的高度，为中国茶道的发展奠定了基础。《茶经》一书的问世，让全世界的人们都对茶有了更深入的了解，这对于茶知识的普及和茶产业的进一步发展都产生了较大的促进作用。

陆羽去世后，唐代的学者们进一步深化了《茶经》的研究，如苏廙的《十六汤品》、张又新的《煎茶水记》以及温庭筠的《采茶录》等。

3. 产茶区域辽阔

自唐代开始，茶叶的生产呈现出飞速增长，茶叶种植区域也得到了进一步的拓展，据陆羽的《茶经》记载，当时有42个州和1个郡是茶叶的产地。根据其他历史资料的补充描述，其他超过30个州也是茶叶的产地。据统计，到唐代，大约有80个州开始产茶。产茶的地域覆盖了如今的川、渝、陕、鄂、皖、赣、浙、苏、湘、黔、桂、粤、闽、滇等14个省（区、市），这与现今的茶区规模相当接近，已经初步塑造了我国的茶叶生产模式。

4. 大宗茶市应运而生

到了唐代，茶叶的主要生产和销售中心已经从巴蜀地区逐渐转移到了浙江和江苏。南方生产的茶叶主要首先在广陵集结，随后通过运河或两岸的"御道"

运输到各地。封演的《封氏闻见记》记载：“其茶自江淮而来，舟车相继，所在山积，色类甚多。”这展现了当时南方茶叶向北方运输的繁忙景象。另外，各个地区生产的茶叶大部分都有稳定的销售市场。

在唐代，茶叶不只是在南北各地的广阔市场中进行销售和交易，它还进入了西北边境的少数民族区域，逐步成为当地日常生活中不可或缺的物品。

5. 茶税制度的建立

唐德宗建中三年（782 年），户部侍郎赵赞以“常赋不足”为由，提议开始征收茶、漆、竹、木税。这标志着茶叶征税的开始。但直到贞元九年（793 年），张滂提出的茶税课征才真正成为专为茶设计的税种。根据记载，“大中初（847 年），天下税茶增倍贞元”，总收入不低于 80 万贯。从茶税的高额和其在财政上的地位，我们可以窥见其重要性，这也是唐代政府首次提议征收茶税的一个重要原因。

二、 唐代茶文化形成的社会原因

1. 佛教的盛行

我国佛教自汉时起，经南北朝发展，到了唐代，达到极其兴盛的阶段。佛教盛行，僧侣种茶饮茶，对饮茶之风起到了极大的促进作用。寺院以茶供佛，以茶译经，以茶待僧，以茶应酬文人、招待俗人，以茶馈赠，茶叶消费量很大，因此寺僧必须亲自植茶、制茶。许多名茶都是首先由寺院创制，然后再流出至民间。唐代僧人数十万，寺僧成为饮茶者中的重要人员。

2. 唐代诗风大兴

唐代是诗歌的黄金时代，也是茶之盛世，几乎所有的中晚唐诗人都对茶有不同程度的嗜好，把品茶、咏茶作为赏心乐事。著名诗人李白、杜甫、白居易、杜牧、柳宗元、卢仝、皎然、皮日休、元稹等都曾留下脍炙人口的涉及茶事的诗歌。唐代咏茶诗中最著名并为后世所熟知的当属卢仝的《走笔谢孟谏议寄新茶》。该诗不仅再现了当时赠茶、煮茶、饮茶的情景，而且直抒胸臆，把茶之功效及饮茶的快感描述得淋漓尽致。诗中对连喝七碗茶不同感受的描写脍炙人口，被公认为历代饮茶中的经典之句，为后世所称道。

此外,唐代还首次出现了描绘饮茶场面的绘画,著名的有阎立本的《萧翼赚兰亭图》、张萱的《烹茶仕女图》、周昉的《调琴啜茗图》等。

3. 贡茶开始发展

唐代的贡茶产地有四川蒙山、江苏宜兴、浙江长兴、陕西安康等。唐代宗大历五年(770年)开始在顾渚山建立贡茶院。每年春分至清明节,官府派出要员上山督造南茶,"役工三万,累月方毕",生产专供皇室饮用的"顾渚紫笋"贡茶,而且要求首批贡茶必须在清明节前制造好并快马加鞭送达长安,以便皇室每年在清明宴时举办品尝新茶聚会。

4. 唐代茶文化的形成与科举制度关系密切

唐代用严格的科举制度来选才授官,非科第出身不得为宰相。每当会试,不仅举子被困考场,连值班的翰林官也劳乏得不得了。于是,朝廷特命将茶送至考场,以茶助考,以示关怀,因而茶被称为"麒麟草"。举子们来自四面八方,都以能得到皇帝的赐茶而无比自豪,这种举措在当时社会上有着很大的轰动效应,也直接推动了茶文化的发展。

三、宋元时期:茶业中心转移至福建,斗茶成风

"茶兴于唐而盛于宋",宋元时期中国的茶区继续扩大,制茶技术进一步改进,贡茶和御茶精益求精,饮茶之风更加普及,斗茶之风盛行,塞外的茶马交易和茶叶对外贸易逐渐兴起。

1. 产茶区域辽阔

到了宋代,中国的茶区继续扩大。《宋代经济史》指出,南宋绍兴末年,东南十路产茶地计有 66 州 242 县,其中不包括川峡诸路。据《太平寰宇记》记载,江南东道、江南西道、岭南道产茶的州、军就有福州、南剑州、建州、漳州、汀州、袁州、吉州、抚州、江州、鄂州、岳州、兴国军、谭州、衡州、涪州、夷州、播州、思州、封州、邕州、容州等 22 个。就全国而言,到了南宋时期,产茶地区已由唐代的 40 多个州扩展为 66 个州,足见宋茶之盛。

2. 茶叶生产和贡茶的发展

宋王朝建立不久,因太宗于太平兴国二年(977 年)诏令派专使到建安北苑制造贡茶,渐渐形成了一套空前的贡茶规制。社会各阶层的人们对茶也随之变得须臾不能离之,即时人所谓"君子小人靡不嗜也,富贵贫贱无不用也","夫茶之为民用,等于米盐,不可一日以无"。

宋代建立起北苑贡焙后,建安一带茶叶采制,精益求精;贡品名目繁多,标新立异。北苑贡焙专门生产仅供皇宫饮用的龙凤茶。这是一种饼茶,在宋代又称团茶、片茶,因在模具上刻有龙凤图案,压制成形后的饼茶上有龙凤图案,故称龙凤团茶。丁谓、蔡襄这两位贡茶使君,先后创制了大、小龙团,更使龙凤团茶闻名于世。当时即有"建安茶品甲天下"之称。宋代贡茶,以建安北苑贡茶为主,每年制造贡茶数万斤,除福建外,在江西、四川、江苏等地都有御茶园和贡焙。

3. 茶类的演变

宋茶以团茶为主,其中尤以建安北苑所产之龙凤团茶最为著名,且品类繁多,最多时达到 12 纲 47 目,总数达上百个。龙凤团茶的制作技术非常复杂,虽制作精良,但工艺烦琐,价格昂贵,煮饮费事,只有皇室及王公贵族方可享用,寻常百姓消费不起。于是生产上对团茶的加工工艺进行了简化,出现了蒸而不碎、碎而不拍的蒸青和末茶,称为散茶。到了宋末元初,散茶在全国范围内逐渐取代了团茶,占据主导地位。

4. 斗茶

斗茶是一种试茶汤质量的活动，又称茗战。斗茶兴于唐代，盛行于北宋。宋人的斗茶之风很盛行，由于受到朝廷的赞许，连皇帝也大谈斗茶之道，因此举国上下，从富豪权贵、文人墨客到市井庶民，皆以此为乐。宋徽宗赵佶的《大观茶论》中说：“而天下之士，厉志清白，竞为闲暇修索之玩，莫不碎玉锵金，啜英咀华，较筐笥之精，争鉴裁之妙。”文学家范仲淹《和章岷从事斗茶歌》就描述了当时斗茶的情形：“北苑将期献天子，林下雄豪先斗美。鼎磨云外首山铜，瓶携江上中泠水。黄金碾畔绿尘飞，碧玉瓯中翠涛起。斗茶味兮轻醍醐，斗茶香兮薄兰芷。其间品第胡能欺，十目视而十手指。胜若登仙不可攀，输同降将无穷耻。”

宋代斗茶“茶色贵白”，因此斗茶的茶具以黑瓷为好。蔡襄在《茶录》一书中，对黑瓷兔毫盏同品茶、斗茶的关系说得明确：“茶色白，宜黑盏，建安所造者绀黑，纹如兔毫，其坯微厚，熁之久热难冷，最为要用。出他处者，或薄或色紫，皆不及也。其青白盏，斗试自不用。”这也带动了建窑黑瓷的发展。

5. 茶业贸易

随着茶叶生产和饮茶风气的发展及商品经济的活跃,宋代茶叶贸易十分发达。透过南宋诗人范成大的《晚春田园杂兴》,我们就可以看到一幅茶商下乡收茶的画面:"蝴蝶双双入菜花,日常无客到田家。鸡飞过篱犬吠窦,知有行商来买茶。"当然,宋代茶叶基本上施行专卖制度。其茶叶专卖,首先推行于东南地区。宋代茶法也层出不穷,主要有三说法、通商法和茶引法,其中,茶引法为后世茶叶经济政策提供了一个可以借鉴的制度和形式,在古代茶政史上占有重要的位置。

宋廷还实行以茶易马的茶马互市。茶马互市虽然始于唐代,但真正形成制度是在宋代。作为中原汉族农业区与西北少数民族游牧区经济交往的一种重要形式,茶马交易在客观上符合各族人民的共同利益。在长期的发展过程中,它对于促进国家统一和稳定,对于加强西北边疆与内地友好往来和经济交流,都具有积极的意义。

拓展阅读

"茶马司"里茶马互市的记忆

每天上午 9 点,81 岁的杨淑珍婆婆会准时打开"茶马司"的褐色木门,静候来客。这座位于四川雅安市名山区新店镇 318 国道旁的茶马司遗址,是全国现存唯一的古代茶马交易官衙遗址,在周边高速公路和钢筋丛林的包围里,透出一股高贵而古朴的气息。

名山区茶马司遗址,是个冷清寂寥的四合院,始建于宋神宗熙宁七年(1074 年),重建于清道光二十九年(1849 年)。整个建筑坐北朝南,以中轴线对称布局,全用大石头垒砌而成。大门口横卧着几根赭红色石柱,石柱上隐约可见"赤兔"二字,据说是当年的拴马石。院子中有一棵似已枯死的罗汉松,枝叶零落,已有数百年树龄。

院口竖立的"茶马司"石碑提醒着人们,这里曾经是茶马交易的极盛之地。碑文写道:"宋时因连年用兵,所需战马,多用茶换取。神宗熙宁七年,派李杞入川，筹办茶马政事，于名山，以名山茶易马用……明洪武时，对茶叶实行官买官销，由茶马司主持交易……"茶马司的职责，就是专管茶马贸易，以确保茶叶能长期稳定地供应藏区，满足藏区人民的饮茶需求。

名山茶马司，因中原王朝跟北人长久征战的需求而产生。北宋熙宁年间，驻守甘肃的经略安抚使王韶，在临洮一带与西夏人和女真人作战，在一次次跟游牧兵士的厮杀争战中，宋军损失了不少马匹。王韶便向朝廷请旨，需要大量战马。朝廷思考再三，令王韶先在四川收集；为了方便军队大范围征集战马，朝廷在四川的名山、天全（碉门）、汉源（黎州）、雅安（雅州）四地设立了茶马司，专门负责茶叶收集和以茶易马的工作。

之所以在名山设立茶马司，有个巨大的绿色背景——它依托蒙顶山这个世界茶文化发源地，盛产大量高质量的边茶。早在西汉时期，蒙顶山茶祖师吴理真开始在蒙顶山驯化栽种野生茶树。到唐代，蒙顶山茶已赫赫有名，成为皇家贡茶。

北宋后期，朝廷为了能收集到更多的优良战马，还在陕、甘、川多处设置了"卖茶场"和"买马场"，铁心要把以茶换马进行到底。明清时，又在甘肃洮州、云南倚邦设立茶马司。在历朝历代设立的茶马司中,四川名山茶马司和甘肃秦州茶马司,是最早也是规模最大的。现在看到的名山茶马司,是全国唯一保留下来的茶马司遗址,非常珍贵。

眼前的茶马司遗址,只有两三位上了年纪的老人待在这里。这些老人守护着遗址,也让遗址陪伴着自己。院子里,那位叫杨淑珍的婆婆告诉我,过去很长一段时间,茶马司门庭若市,常有各地商人包括藏商赶赴名山,寻求茶马交易,排列的队伍延伸到数里之外。而名山一带的茶马古道,就是以此为起点逶迤向西,途经一个个至今仍在为藏区生产砖茶的茶厂,翻越高高的二郎山,进入甘孜藏族自治州,再经情歌故乡康定,进入西藏拉萨,抑或再前行至印度、尼泊尔……

杨淑珍婆婆说,她听老一辈人讲,清朝中期茶马交易一度废止,名山这座赫赫有名的茶马司也被改造成一座寺庙,称为"长马寺",供奉几尊菩萨像,冷清无比。2004年,当地政府将之恢复为"茶马司"。

我在茶马司陈列厅待了差不多两个小时。这里,俨然是一个中国西南地区茶马古道博物馆,收集了茶马古道和茶马互市的全部历史信息。在这里我了解到,以茶换马(茶马互市)始于唐代,盛行于宋代。名山区地处四川盆地与青藏高原的接合部,成为川藏茶马古道的重要源头。宋朝在这里设茶马司后,宋神宗在元丰初年还颁布了一道著名的诏书,称"专以雅州名山茶易马,不得他用",并"立为永法"。如此,奠定了名山茶马司前所未有的崇高地位。

1995年版《名山县志》记载,名山茶马司运营的茶马互市,在鼎盛时期达到"岁运名山茶二万驮"(每驮50公斤)之多,占官方统筹总数的一半以上,有时接待藏羌茶马贸易商队的人数一日竟达2000余人,极为壮观。

无论哪个朝代,皇家对茶马交易都有着极为严格的规定,无论民间还是官衙,弄不好是要掉脑袋的。比如,北宋朝廷设立了严苛的"茶马法",规定沿边少数民族只准与官府(茶马司)进行以茶易马的交易,不准私贩,更严禁商贩运茶到沿边地区去贩卖,甚至规定不准将茶籽、茶苗运到边境。凡私贩者予以处死或充军三千里以外,官员失察者也要一同治罪。

最严厉的还是明代。《明律》载:"私茶出境与关隘失察者,并凌迟处死。"

驸马都尉欧阳伦因违禁走私茶叶,为兰州一小吏告发后,被朱元璋赐死。驸马一死,贩私茶者惶惶不可终日,民间走私之风也减了许多。清初沿用明律,规定:"凡通接西番关隘处所,拨官军巡守,遇有夹带私茶出境者,拿解治罪,番僧亦许沿途官司盘验,如有夹带奸人私茶,则茶货入官,伴送夹带人送官治罪。"康熙四十三年(1704年)以后,管理虽有放松,也只允许出界人带茶不多于十斤,如驴驮车载,仍按私茶治罪。

1995年版《名山县志》还带着诗意的笔触,描绘了一幅令人心动的温馨场景:曾几何时,在新店镇乃至整个名山县(今名山区)的大街小巷,经营茶叶的店铺形成这里的一道风景,名山茶现实地存在于当地人的生活方式中。在一些普通人家中,农村厅堂、宾馆大堂中常挂的匾额已经不再流行墨书,而是"茶书"——用茶叶压成"芬芳的文字",制成匾额、对联、挂画悬在客厅。老人在院落里,坐在茶树下,品着名山茶,下着象棋——连棋子也是茶叶所制;逢喜庆、婚姻、生子等重要事件,一些人还会到茶庄订购一桶好茶,仿照葡萄酒存放方式,将名山茶在木桶里封存数年后赠予自己珍爱的人。

眼前,曾经商贾繁荣、骡马如织、熙来攘往的茶马司遗址,虽然早已繁华不再,但那些散落在地上的建筑构件,遗留下的院子和建筑,却向过往的人们诉说着藏马换边茶的悠长故事。

离开名山茶马司遗址时,已是傍晚,一抹橘黄色的夕照映在褐色大门上方,用汉藏两种语言书写的"茶马司"鎏金大字,格外醒目,也格外神圣,似乎是在向每一个参观者彰显自己曾经的身份。

(资料来源:李贵平《"茶马司"里茶马互市的记忆》,《光明日报》2018年12月8日,略有改动)

6. 茶馆文化的形成

宋代城市集镇大兴,各行各业遍布街市,商贾云集,酒楼、食店因此应运而生,茶坊也乘机兴起。茶馆早在唐代就已经出现,封演的《封氏闻见记》载:"城市多开店铺,煎茶卖之,不问道俗,投钱取饮。"但茶馆到了宋代才真正发达起来。北宋汴京有茶坊,南宋临安有茶楼教坊、花茶坊等。吴自牧的《梦粱录》载:"大凡茶楼多有富室子弟、诸司下直等人会聚,习学乐器、上教曲赚之类,谓之'挂牌儿'。""大街有三五家开茶肆,楼上专安着妓女,名曰'花茶坊'。"在汴京与临安的诸多茶肆，同时又是歌妓云集的歌馆。而这些茶肆又往往是"士大夫期朋约友会聚之处"。宋代的茶馆完成了中国茶馆由低层次的饮茶接待向较高层次的休闲娱乐等多功能服务发展变化的过程。

7. 茶诗、茶书、茶画众多

宋朝时期，茶不仅是"开门七件事，柴米油盐酱醋茶"之一，而且步入"琴棋书画诗酒茶"之列。宋代诗人欧阳修、苏轼、黄庭坚、陆游、范成大、杨万里等所作茶诗内容广泛、数量颇多。陆游就有茶诗300多首，范仲淹的《和章岷从事斗茶歌》可以和卢仝的《走笔谢孟谏议寄新茶》相媲美，苏轼的茶诗更是意境深远。

至于茶画，刘松年的《撵茶图》、钱选的《卢仝烹茶图》、赵佶等共同创作的《文会图》等流传至今，是我国茶文化的重要艺术品。

元代，北方民族虽然嗜茶，但无心像宋代那样追求茶品的精致、程式的烦琐，因而，茶文化在上层社会那里得不到倡导。宋末的文人由于国破家亡的状况也无心茶事，因此在元代，茶文化难以发展。

第四节　茶文化的鼎盛时期

明清时期是我国茶业从兴盛走向鼎盛的时期,茶叶栽培面积、生产量曾一度达到了有史以来的最高水平,茶叶生产技术和传统茶学发展到了一个新的高度,散茶成为生产和消费的主要茶类。

一、明朝时期:茶业全面发展

1. 明代产茶区域继续外扩

明代茶叶生产的地域分布,较之前代又有所扩展,除北直隶、山东、山西布政司的生态环境不宜种茶外,南直隶及其他11个布政司均有生产;而且在秦岭、淮河以南广阔的茶区内,许多原本不产茶的地方开始引种茶叶,出现了全面发展、名品纷呈的繁荣景象。

2. 茶书的大量撰写

明代,传统茶学发展到了最高峰,茶书的刊行数量也属历代最多。据万国鼎《茶书总目提要》介绍,中国古代茶书共有98种,其中明代55种,明代茶书中,明初仅2种,明中叶10种,明后期43种。阮浩耕等在《中国古代茶叶全书》中收录现存古茶书64种,佚失古茶书60种,共124种,其中明代62种,占中国古茶书总数的50%左右。这些茶书对茶园管理、茶树栽培、茶类制作等方面做了全面系统的总结。

明代的茶诗词虽不及唐宋,但在散文、小说方面有所发展,如张岱的《闵老子茶》《兰雪茶》对茶事的描写。此外,茶事书画也有较大发展,其中有代表性的是徐渭的《煎茶七类》、文徵明的《惠山茶会图》、唐寅的《事茗图》等。

张岱的茶趣

张岱不仅是晚明著名的文学家,也是一位资深茶人,在他的《陶庵梦忆》中就记载了诸多茶人茶事。

比如《闵老子茶》,就是一篇精彩的"斗茶"故事。一个藏而不露,一个穷追不舍,最终定格在一把茶、一杯水的较量中。张岱应对自如,显露出在茶道上很深的道行,因而得到闵老子赏识。两人素昧平生,却因茶成为莫逆之交。这看似平淡的背后,蕴含着令人心醉的人格风范与茶情茶趣。

水为茶之母,擅茶者,必识水也。《禊泉》一文,不仅无意间发现了禊泉,同时也点出其水质特点,更以专业的品茶水准,说明辨识禊泉水的诀窍:"试茶,茶香发。新汲少有石腥,宿三日气方尽,辨禊泉者无他法,取水入口,第挢舌舐腭,过颊即空,若无水可咽者,是为禊泉。"可见,张岱对于水质的辨识,已达到很高的水平。

张岱的家乡有一种"茶味棱棱,有金石之气"的"日铸茶",经其改良成为"色如竹箨方解,绿粉初匀;又如山窗初曙,透纸黎光,取清妃白,倾向素瓷,真如百茎素兰同雪涛并泻也。雪芽得其色矣,未得其气,余戏呼之'兰雪'"。

张岱喜欢泡茶馆。"有好事者开茶馆,泉实玉带,茶实兰雪,汤以旋煮,无老汤,器以时涤,无秽器,其火候、汤候,亦时有天合之者"。张岱对此颇为喜欢,遂取米芾"茶甘露有兄"之句,为之命名为"露兄",还欣然为之作《斗茶檄》曰:"水淫茶癖,爱有古风;瑞草雪芽,素称越绝……"仿佛是为这家茶馆做的广告。

张岱说:"余尝见一出好戏,恨不得法锦包裹,传之不朽,尝比之天上一夜好月,与得火候一杯好茶,只可供一刻受用,其实珍惜之不尽也。"他把喝一杯好茶与看一出好戏、赏一轮好月同样看成是令人愉悦的事情,还在自撰的墓志铭中写道:"兼以茶淫橘虐,书蠹诗魔。"自谓"茶淫橘虐",可见其对茶之痴迷。

（资料来源:孟祥海《张岱的茶趣》,团结网,2021 年 8 月 30 日,略有改动）

3. 散茶的饮用渐盛

自宋末至元,饮用散茶的风气越来越盛。到了明代,这种现象更加普遍。明太祖朱元璋是一个从茶区走出来的皇帝,他深刻理解农民的辛苦和团茶制作的复杂,认为团茶生产太"重劳民力",在洪武二十四年(1391 年)下令"罢造龙团,惟采芽茶以进"。明代能采取这种休养生息、减轻人民负担、专门发展边茶生产的有效办法是积极有益的,且见效于后世。至此,饮用散茶的风气更是蔚然成风,散茶的生产技术也得到全面发展,同时生产的茶类也开始多样化,除蒸青茶以外,也有炒青茶,还产生了黄茶、白茶和黑茶。明末清初还出现了乌龙茶、红茶和花茶。

4. 各地名茶竞起

明代散茶的全面发展,还表现在各地名茶的竞起上。宋代时,散茶的名品,只有日铸、双井和顾渚等少数几种。至明代后,如黄一正在《事物绀珠》中所记,当时比较著名的就有雅州的雷鸣茶,荆州的仙人掌茶,苏州的虎丘茶、天池茶,长兴和宜兴的罗茶,以及西山茶、渠江茶、绍兴茶等,共有约 97 种。

5. 饮茶风尚的变革

明代散茶的盛行,导致饮茶风尚也发生了划时代的变革。明人饮茶崇尚自然,流行品饮简便的条形散茶,以沸水直接冲泡存有茶叶的器具直接饮用,或使用茶壶泡茶,然后把茶汤注入茶碗中饮用。明代中期以后,从炒青茶揉、炒、焙的加工方法到冲泡芽茶、叶茶的饮用方法,都相对简便。在这种情况下,与之相配套的茶具,无论是在种类上,还是在形式上,都更加简便,贮藏用的茶叶罐,泡茶叶用的壶,沏茶水用的碗、盏、杯,就构成全套的饮茶用具了。明代朱权的《茶谱》记载的全套茶具为炉、磨、灶、碾、罗、架、匙、筅、瓯、瓶。简便不等于粗制滥造。明代饮茶时不仅重视茶汤和茶芽、茶叶色泽的显现,而且重视茶味,讲究茶趣,因此十分强调茶具的选配得体,对茶具特别是对壶的色泽给予较多的注意,追求壶的"雅趣",茶具的发展也经历了艺术化、人文化的过程。

6. 明代茶楼文化的发展

明代的茶楼比宋代更甚。《杭州府志》载:嘉靖二十一年(1542年)三月,杭州城有李姓者忽开茶坊,饮客云集,获利甚厚。远近效之,旬月之间开茶房五十余所。而明代小说中所见的茶坊就更多了。此外,随着曲艺、评话等的兴起,茶馆又成了艺人献艺的场所。

7. 明代的茶税、茶法

明代的茶税、茶法基本承袭宋元制,贡茶初时承袭元制,后来明太祖朱元璋罢团茶改散茶,遂改贡芽茶,这种贡茶制度一直沿袭到清代。元代取消茶马政策,注重苛征重税,施行官卖商销制度。明太祖朱元璋恢复茶马交易,换军马以巩固边防,控制边茶贸易,也实施"以茶治边"的政策。

二、 清代:茶业由繁荣走向衰落,茶文化走向民间

清代茶业以鸦片战争为界,分为前清和晚清两个时期。前清茶叶市场遍布全国,茶叶外贸发展很快。但随后政局动荡,经济衰退,国际市场竞争加剧,英国在印度和斯里兰卡引种茶叶获得成功,遂开始减少向中国进口茶叶,中国逐渐失去了国际茶业经济的中心地位。茶业发展处于停滞状态。这种衰落的局面,一

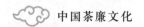

直持续到 1949 年新中国成立为止。清代茶文化发展过程中的主要特点表现在以下几个方面。

1. 茶区的扩大及茶叶生产的进一步发展

清代茶叶外销的增加,必然刺激茶叶生产的进一步发展,茶叶产区也进一步扩大。咸丰年间全国栽植茶地估计有 600 万～700 万亩,创历史最高纪录。

2. 各地名茶涌现

由于茶叶生产技术的提高和茶类的新发展,清代各地涌现出品种繁多的各类名茶。据陈宗懋主编的《中国茶经》记载,清代名茶约有 40 种,主要包括武夷岩茶、西湖龙井、洞庭碧螺春、黄山毛峰、云南普洱、闽红工夫茶、祁门红茶、婺源绿茶、石亭绿茶等。上述名茶中不少是在清后期逐步定型和命名的。

3. 宫廷茶文化的兴盛

清代统治者来自关外,因此清宫的饮茶习俗,以调饮(奶茶)与清饮并用。清初,按旗俗以饮奶茶为主,清朝后期逐渐改为以清饮为主。清宫除常例用御茶之外,朝廷举行大型茶宴与每岁新正举行的茶宴,在康熙后期与乾隆年间曾盛极一时。宴会后,按常例有一部分官员及出席者会得到皇帝赏赐御茶、茶具等殊荣。

4. 贡茶的发展

清代贡茶产地进一步扩大,江南、江北著名产茶区都有贡茶,有一部分贡茶是由皇帝亲封的,如洞庭碧螺春茶、西湖龙井茶等。浙江杭州西湖村至今还保存着据传当年乾隆皇帝游江南时封为御茶的十八棵茶树。

5. 茶具的变革

清代以后,茶具品种增多,形状多变,色彩多样,再配以诗书画雕等艺术,从而把茶具制作推向新的高度。而多茶类的出现,又使人们对茶具的种类与色泽、质地与式样,以及茶具的轻重、厚薄、大小等,提出了新的要求。主要有五类:花茶,用壶泡茶,然后斟入瓷杯饮用,有利于香气的保持;大宗红茶和绿茶,以有盖的壶、杯或碗泡茶,注重茶的韵味;乌龙茶,重在"啜",多用紫砂茶具;红碎茶与工夫红茶,用瓷壶或紫砂壶泡茶,然后将茶汤倒入白瓷杯中饮用;西湖龙井、洞庭碧螺春等细嫩名茶,则需用玻璃杯。

6. 茶肆、茶馆的发展

清代茶肆、茶馆遍布全国各地,到茶馆喝茶的茶客,上至达官贵人、富商士绅,下至车夫脚役、工匠苦力,谈生意、做买卖、说媒拉纤、卖房地产和古董等活动在这里进行,非常热闹。而老舍在《茶馆》中对晚清茶馆中的形形色色的描写,让人们对晚清茶馆有了更深刻的了解。茶馆发展到晚清,已成为人们日常生活中不可缺少的活动场所和交际娱乐中心,已被深刻地社会化了。

7. 茶马贸易的终结

唐宋以来,茶马互市一直是中原与西北少数民族之间经济交往的一种重要形式,至元时暂停,明代又趋于鼎盛。清初,统治者出于军事政治的需要,对茶马贸易极为重视。但由于察哈尔及西北牧马场的建立,康熙初年,茶马贸易开始衰落。雍正十三年(1735 年),清廷停止以茶易马,唐宋以来近千年的茶马贸易便告终结。

8. 茶诗、茶事小说众多

清代写茶诗的诗人数量众多,也有许多名篇,代表人物有曹雪芹、郑板桥、高鹗、陆廷灿、顾炎武等。众多诗人之中还有乾隆皇帝,他曾数次下江南,数次到过龙井茶产地,观看采茶制茶,品尝龙井茶,每次都要作诗,并封龙井茶为御茶。

清代小说中也有大量的茶事描写,其中包括蒲松龄的《聊斋志异》、李汝珍的《镜花缘》、吴敬梓的《儒林外史》、刘鹗的《老残游记》、李海观的《歧路灯》、文康的《儿女英雄传》、西周生的《醒世姻缘传》等作品。尤其是曹雪芹的《红楼梦》,谈及茶事的就有近 300 处,描写的细腻、生动和审美价值的丰富,都是其他作品难以企及的。

清中期和鸦片战争以后,虽然因西方茶叶特别是红茶消费的持续跃增,中国茶叶出口和茶叶生产呈显著上升的势头,但当时中国传统茶学和茶叶加工技术已进入了缺乏生气的阶段。所以,对当时我国茶业的较大发展,有人曾形象地称之为我国古代茶业的"回光返照"。1887 年以后,我国茶叶出口连年递减,茶叶市场一天天被印度、锡兰挤占,我国茶文化也难以发展,走向了坎坷之途。

第五节　茶文化的复兴时期

新中国成立后,在前 30 年,茶业处于恢复和发展阶段。改革开放以后,茶业经济迅速发展了起来,人们将注视的目光又投向了茶文化,在各界人士的努力下,茶文化重新登上了历史舞台,焕发出生机与活力。其主要表现如下。

一、各地纷纷举办茶文化节、国际茶会和学术讨论会

定期举行的国际茶文化研讨会,目前已经连续举办了十一届。另外,如杭州中国茶叶博物馆主办的西湖国际茶文化博览会、武夷山市主办的福建武夷岩茶节、云南普洱市主办的中国普洱茶叶节、上海市主办的上海国际茶文化节、陕西法门寺博物馆主办的法门寺唐代茶文化国际学术研讨会等,都举办过多届,且影响深远。

二、茶文化社团组织不断涌现

1. 国家级茶叶团体组织

(1) 中国茶叶学会,1964 年在浙江省杭州市成立,1966 年中国茶叶学会工作停顿,直到 1978 年恢复活动。

(2) 中华茶人联谊会,简称"茶联",1980 年在北京正式成立,是中国包括台湾、香港、澳门及海外华侨中从事茶叶事业的人士和团体自愿参加组成的民间团体。

(3) 中国国际茶文化研究会,是由中华人民共和国农业部主管,经向中华人民共和国民政部登记的全国性茶文化研究团体。

2. 民间茶叶团体组织

(1) 华侨茶业发展研究基金会,1981 年由关奋发倡议,并捐款 300 万港币组

建成立。

（2）中国社会科学院茶业发展研究中心，是 2000 年 6 月经有关主管部门批准成立的非营利性学术研究机构。

（3）天门市陆羽研究会，1983 年正式成立，由在天门文史部门工作多年、酷爱"陆学"的欧阳勋和刘安国等共同发起。

（4）杭州"茶人之家"，1985 年 4 月在庄晚芳的倡议下，得到国内外茶界人士的支持，由浙江省茶叶公司投资兴建。

（5）湖州陆羽茶文化研究会，1990 年在湖州成立并举行首次学术讨论会。

（6）台湾茶艺协会，成立于 1982 年，是我国台湾地区以宣传茶艺文化、提倡饮茶风气为目的的民间团体。

（7）吴觉农茶学思想研究会，2001 年在浙江上虞市（今上虞区）成立。

（8）福建张天福茶叶发展基金会，2008 年在福州成立。该基金会旨在弘扬张天福茶学创新精神，立足福建、面向全国，促进茶叶生产、科研、教育和茶文化的持续发展。

三、茶文化教育研究机构相继建立

全国已有多所高等院校设立了茶学相关院系或茶文化相关专业,如浙江大学茶学系、安徽农业大学茶学系、湖南农业大学茶学系、华南农业大学茶学系、西南大学茶学系、福建农林大学茶学专业、云南农业大学茶学院、四川农业大学茶学专业、华中农业大学茶学专业、浙江农林大学茶学与茶文化学院、武夷学院茶文化经济专业、广西职业技术学院茶艺与茶文化专业、湖北三峡旅游职业技术学院茶艺与茶文化专业等。有些高校还设立茶文化研究中心,招收硕士、博士研究生。另外,中国农业科学院茶叶研究所、中华全国供销合作总社杭州茶叶研究所、江西省社会科学院中国茶文化研究中心、法门寺中国茶文化研究中心以及各地茶叶研究所等,也都以研究和繁荣中国茶文化事业为己任。

四、茶文化展馆纷纷建成开放

除了北京故宫博物院,以及全国各地综合性博物馆有茶文化的展示外,20 世纪 80 年代以来,专门性展馆纷纷建成开放:1984 年,香港地区建立的香港茶具文物馆开馆;1987 年,在上海创办了四海茶具馆;1991 年,中国最大的综合性茶叶博物馆——中国茶叶博物馆在浙江杭州建成开放;1997 年,台湾地区的坪林茶业博物馆建成开放;2002 年,福建漳州的天福茶博物院建成开馆;2010 年,新昌茶文化展览馆挂牌……这些茶文化展馆展示并宣传了中国茶文化,对国民茶文化素质的培养与提升具有现实意义。

五、茶艺馆的兴起

茶艺馆自 20 世纪 70 年代在我国台湾地区诞生之后,很快在北京、上海、福建以及浙江杭州、江西南昌、广东广州等地普及。据不完全统计,中国目前有大大小小的各种茶馆、茶楼、茶坊、茶社、茶苑 5 万多家。劳动和社会保障部于 1998 年将茶艺师列入国家职业大典,于 2010 年又颁布茶艺师国家职业技能标准,规范茶馆服务行业。

六、 茶艺表演事业蓬勃发展

随着茶文化活动的广泛开展,简单的传统茶艺已经不能满足群众的需求,许多茶艺专家编创了富有新意和特色的新型茶艺节目。其中比较知名的有江西的文士茶、农家茶、禅茶、将进茶,上海的三清茶、太极茶,陕西的仿唐清明宴、陆羽茶道,北京的清代宫廷茶,湖南的清明雅韵,珠海的一脉情和珠海渔女,杭州的龙井问茶、九曲红梅等。

七、 茶文化书籍、影视的繁荣

茶文化蓬勃兴起还体现为茶文化书籍、影视的繁荣。20 世纪 80 年代以来,有关茶文化的书籍不断出版,内容涉及茶的历史、品茗艺术、茶与儒道佛的关系、茶具等方面。据不完全统计,20 世纪 80 年代以来出版的有关茶文化的专著达150 本以上。作家王旭烽创作的长篇小说《南方有嘉木》《不夜之侯》《筑草为城》"茶人三部曲",其中两部获得茅盾文学奖,并被改编成电视连续剧,产生了广泛的影响。

八、 茶文化景点成为旅游亮点

随着茶文化热的兴起以及旅游业的发展,各产茶区都积极开发茶文化旅游资源,充分利用当地的茶文化旅游资源,挖掘当地特色,以其特有的风情吸引着各地游客。当前茶文化旅游的发展类型可分为以下几种:①生态观光茶园,如广东英德的"茶趣园"和"茶叶世界";②茶文化公园,如杭州的龙井山园等;③观光休闲茶场,如上海的闸北公园等;④茶乡风情游,如福建的八闽茶乡风情旅游活动。

九、 茶文物古迹的保护

近年来,茶文物和茶文化古迹不断被发掘并得到保护。在福建建瓯发现了记载宋代"北苑贡茶"的摩崖石刻;在浙江长兴顾渚山发现了唐代贡茶院遗址、金沙泉遗址及唐时的茶事摩崖石刻;在陕西扶风法门寺地宫出土了唐代宫廷金银茶具;在云南西双版纳的一家寺院发现了用傣文写就的"茶事贝叶经";在云南南部考证滇藏茶马古道时,发现了许多与茶相关的古代茶事文物,并在滇南原始森林深处发现了大片的野生茶树部落;在河北宣化的几座古墓道中发现了大量辽代饮茶壁画和数量不等的辽代茶具。

■ 十、民族茶文化异彩纷呈

中国有 56 个民族,由于所处的地理环境、历史文化以及生活风俗的不同,形成了不同的饮茶风俗,如藏族的酥油茶、回族的刮碗子茶、维吾尔族的香茶、白族的三道茶等。少数民族较集中的地区成立了茶文化协会。中国茶叶流通协会、中国国际茶文化研究会和云南省思茅市(今普洱市)人民政府联合举办了三届全国民族茶艺大赛,民族茶文化异彩纷呈。

拓展阅读 ◆

白族三道茶

白族三道茶是云南大理白族人民的一种传统茶俗,具有独特的文化内涵和礼仪。三道茶代表了白族人民对客人最热烈、最隆重、最礼貌的款待。

第一道茶称为"破茶",是白族人民用小砂罐烤制而成的"功夫茶"。烤茶时,要将小砂罐置火上,待罐烤热后,放入少许茶叶,边烘烤边轻轻转动砂罐,使茶叶受热均匀。烘烤至茶叶呈白色有茶香时,即可冲入沸水,稍等片刻,便可用勺舀出供人们品尝。

第二道茶是"谈茶",通常也是用"功夫茶"的冲泡方式。在冲泡第二道茶时,白族人民会拿出自己珍藏的宝物——雕有山水花鸟图案的茶盘,上面摆放着精美的茶具:一只绘有花草图案的茶杯,一把镶满银饰的茶壶,一块洁白的茶盘。主人会恭敬地斟上一杯茶,端到客人面前,客人要接过茶杯,喝上一口,然后细细品味。

第三道茶是"回味茶",通常用"苍山雪绿茶"和"云抗14号"等优质绿茶制作。先用开水将茶烫一下,随即倾入砂罐中加适量清水煮沸,再倒入茶杯中饮用。这时主人会唱着动听的民歌、跳着优美的舞蹈来助兴。

白族三道茶不仅是一种饮品,更是一种独特的文化现象和社交活动。在白族人民的日常生活中,三道茶不仅仅是一种解渴的方式,更是一种表达尊敬和友好的礼节。通过品尝三道茶,人们可以感受到白族人民的热情好客和文化底蕴。

(资料来源:《少数民族茶俗——白族三道茶》,草堂时光,2023年12月26日,略有改动)

第三章

中国茶叶的
分类与加工

我国茶叶生产历史悠久，茶叶种类丰富多彩。我国的茶叶不仅种类很多，名称也很复杂，故茶叶行家们有句俗话："茶叶喝到老，茶名记不了"。我国茶叶分类方法不统一，有的以产地分，有的以采茶季节分，有的以制造方法分，有的以销路分，有的以品质分。

茶叶的分类与品质特征

我国生产的茶主要有绿茶、黄茶、黑茶、青茶、白茶和红茶六大类,各类茶均有各自的品质特征。分类的主要依据是根据初制加工过程中鲜叶的主要化学成分,特别是多酚类中的一些儿茶素类发生不同程度的酶性或非酶性氧化,其氧化程度不同,从而形成不同风格的茶类。绿茶、黄茶和黑茶在初制中都先通过高温杀青,破坏鲜叶中的酶活性,制止多酚类的酶性氧化。绿茶经揉捻、干燥形成清汤绿叶的特征。黄茶和黑茶,在初制过程中,通过闷黄或渥堆工序使多酚类产生不同程度的非酶性氧化,黄茶形成黄汤黄叶,黑茶则干茶乌黑、汤色橙黄。相反,红茶、青茶和白茶,在初制过程中都先通过萎凋,为多酚类的酶性氧化准备条件。红茶是经过揉捻或揉切、发酵和干燥,形成红汤红叶的品质。青茶则进行做青,破坏叶子边缘的细胞组织,多酚类局部与酶接触发生氧化,再经杀青固定氧化和未氧化的物质,形成汤色金黄和绿叶红边的特征。白茶经长时间萎凋后干燥,多酚类缓慢地发生酶性氧化,形成白色芽毫多、汤嫩黄、毫香毫味明显的特征。

当然,也可直接按照茶叶发酵程度来划分:①不发酵茶:绿茶。②半发酵茶:青茶。③全发酵茶:红茶。④微发酵茶:黄茶和白茶。⑤后发酵茶:黑茶。还可根据加工层次分为初制茶、精制茶以及再加工茶,花茶、速溶茶、袋泡茶、保健茶、茶饮料等都属于再加工茶。

一、绿茶

绿茶是我国产区最广泛、产量最多的一个茶类,占我国茶叶总产量的 75% 左右。绿茶种类很多,按照杀青与烘干的方法不同分为蒸青、炒青、烘青和晒青四类。由于采用的工艺不同,在滋味、香气等品质特征上也体现出不同的风格。

1. 蒸青绿茶

蒸青是指采用热蒸汽瞬间破坏茶叶中多酚氧化酶的活性,由于茶叶受热时间短,茶叶中的绿色成分如叶绿素得到大量保存,故所加工出的茶叶形成的"叶

色、汤色、叶底"都具有嫩绿的特征。蒸青绿茶加工技术在我国唐宋时期广泛应用，现在国内只有个别地区还在使用。蒸青绿茶在唐代随着茶叶种植与蒸青制作技术传入日本后一直沿用至今。蒸青绿茶有煎茶、玉露茶、番茶、碾茶之分，目前主要在日本流行。上好的玉露茶被碾成粉末，称碾茶或末茶（又称抹茶），在举行茶道时使用。在国内常见的绿茶面包、月饼里添加的绿茶粉也多采用蒸青绿茶原料。

2. 炒青绿茶

炒青是指利用金属传热方式，茶鲜叶通过与高温锅体接触引起多酚氧化酶的变性失活，是我国现代绿茶的主要杀青方法。

杀青后再采用热炒方式进行干燥的，叫炒青绿茶。炒青绿茶由于炒制时作用力不同，产生了不同的形状，分为长炒青、圆炒青、扁炒青等。长炒青经过精制加工后称为眉茶，成品花色有珍眉、贡熙、雨茶、茶芯、针眉、秀眉、茶末等，是我国出口绿茶的主要花色。圆炒青的品质特征是外形圆颗粒状，色泽深绿油润，汤色黄绿，有栗香，滋味浓厚，叶底深绿较壮实。历史上名优炒青有平炒青（原产于浙江嵊州、新昌、上虞等地，因历史上毛茶集中于绍兴平水镇精制和集散，成品茶外形细圆紧结似珍珠，故称"平水珠茶"或称平绿，毛茶则称平炒青）、泉岗辉白（又称前岗辉白茶，因产于四明山脉的浙江省嵊州市下王镇前岗村而得名）、涌溪火青（因产于安徽省泾县城东涌溪山的枫坑、盘坑、石井坑、湾头山一带而得名）等。扁炒青外形扁平光滑，产于西湖周边的龙井为西湖龙井，素有"色绿、香郁、味甘、形美"四绝，色翠略黄，滋味甘鲜醇和，香气幽雅清高，汤色碧绿黄莹，叶底细嫩成朵。

名优炒青绿茶，也称细嫩炒青绿茶，是指著名的炒青绿茶，包括龙井茶、涌溪火青等扁炒青、圆炒青，也包括毛尖型、芽型的各种名茶。特种炒青绿茶品质各异，名扬中外，著名的有西湖龙井、洞庭碧螺春、南京雨花茶、安化松针等。其品质的共同特点是外形独特，色泽鲜活翠绿，内质香气清鲜高长，滋味鲜美纯甘，汤色绿亮，叶底嫩匀鲜活。

3. 烘青绿茶

烘青绿茶是指茶叶原料经过杀青、揉捻处理后，采用热风进行干燥所形成的绿茶。普通烘青绿茶大多作为制作茉莉花茶的原料，香气一般不如炒青绿茶高。品质优越的烘青绿茶也称特种烘青绿茶，有黄山毛峰、太平猴魁、六安瓜片、开化龙顶等。其基本特征是外形条索紧直、显锋毫，色泽深绿油润，香气清高，汤色清澈明亮，滋味鲜醇，叶底匀整嫩绿明亮，也是现在绿茶消费市场上的主流产品。

4. 晒青绿茶

晒青是指利用日光晒干绿茶。晒青绿茶主要产于云南、陕西、四川等地。这种茶在市场上直接流通的并不多，大部分晒青绿茶用于制作黑茶，个别流通的晒青佳品多出于云南古茶树产区，以小产区概念茶行销于市，如老班章（属于云南省西双版纳傣族自治州勐海县布朗山布朗族乡）、冰岛村（属于双江拉祜族佤族布朗族傣族自治县勐库镇）、昔归（属于云南省临沧市临翔区邦东乡邦东村）等。晒青绿茶再加工成紧压茶，不渥堆仍属于绿茶，经过渥堆之后属于黑茶。

绿茶除了根据加工工艺的不同来分类，还可以根据茶叶外形的不同进行分类，如扁形、片形、针形、卷曲形、珠形、眉形、兰花形等。

拓展阅读

绿茶历史

中国绿茶生产的文字记载最早可追溯到三国时期张揖的《广雅》，书中有采茶做饼的内容，介绍了蒸茶做饼并将茶饼晒干后贮藏的做法。到了唐代，蒸茶做饼的制法已逐渐完善，陆羽的《茶经》中记载："晴，采之，蒸之，捣之，拍之，焙之，穿之，封之，茶之干矣。"这就是一种简单蒸青绿茶的加工技术。到明代，绿茶加工技术有了较大的发展，特别是明太祖朱元璋于洪武二十四年(1391 年)下诏，废团茶兴叶茶，从此散茶便取代团茶而成为主流。

（资料来源：根据网络资料整理而成）

二、红茶

红茶起源于福建武夷山，武夷山桐木关是小种红茶的发源地。早在 16 世纪末就发明了红茶，之后在此基础上慢慢地演变出工夫红茶和红碎茶的制法。红茶是世界上消费的主要茶类，占世界茶叶产量的 75% 左右。根据初制工艺及品质的不同，红茶主要分工夫红茶、红碎茶和小种红茶三大类。红碎茶是世界红茶贸易的主要品种，占红茶世界贸易总量的 98% 左右。

1. 工夫红茶

工夫红茶是我国传统的特有红茶品种,属于条形茶,又称"条红",以内销为主。通常以地名来给茶叶冠名,如祁红(安徽祁门)、滇红(云南凤庆一带)、越红(浙江)、粤红(广东)、闽红(福建)等。由于产地不同,采用的茶树品种和加工工艺都有差异,因此形成了各种风格迥异的工夫红茶。

名优工夫红茶的品质特征为:外形条索紧结,有金毫,色泽乌润,香高味浓,汤色红艳明亮,叶底红亮嫩匀。

2. 红碎茶

红碎茶与工夫红茶不同,做形环节以揉切工艺代替普通红茶的揉捻工艺,茶叶破碎率高,萎凋及发酵程度偏重。因此,红碎茶滋味浓强,收敛性强,汤色红艳明亮,适合加奶或加糖后饮用。

红碎茶分叶茶、碎茶、片茶和末茶四类规格。①叶茶类:外形呈条状,要求条索紧结,颖长,匀齐,色泽纯润。内质汤色红艳(或红亮),香味鲜浓有刺激性,按品质分为花橙黄白毫和橙黄白毫两个花色。②碎茶类:外形呈颗粒状,要求颗粒重实匀齐,色泽乌润,内质汤色红浓,香味鲜爽浓强,按品质分为花碎橙黄白毫、碎橙黄白毫和碎白毫等花色。③片茶类:外形呈木耳形片状,尚重实匀齐,汤红亮,香味浓爽,按品质分为花碎橙黄白毫屑片、碎橙黄白毫屑片、白毫屑片、橙黄屑片等花色。④末茶类:外形呈砂粒状,要求重实匀齐,色泽乌润,内质汤色红浓稍暗,香味浓强微涩。

3. 小种红茶

小种红茶是福建武夷山的特种红茶,生产历史悠久,是我国较早生产的红茶。小种红茶具有特殊的松烟香,似桂圆香,滋味浓爽,带桂圆味,汤色橙黄。小种红茶根据产地的不同,分正山小种和人工小种。

正山小种是武夷山自然保护区内星村镇桐木关一带生产的,也称"桐木关小种"或"星村小种",而周边的政和、坦洋、北岭、屏南、古田、沙县及江西铅山等地所产的仿正山品质的小种红茶,统称"外山小种"或"人工小种"。

三、青茶

青茶是我国特有的茶类,又称乌龙茶,属于半发酵茶。青茶的命名一般与所采制的茶树品种相关,不同茶树品种的茶树单独采摘分别付制,如铁观音茶是由铁观音茶树品种采摘的鲜叶加工而成。

我国的青茶产区主要分布在福建、广东、台湾地区。福建青茶又分为闽北和闽南两个产区,闽北以武夷岩茶为代表,闽南以安溪铁观音为代表。广东地区以潮州的凤凰单丛和饶平的凤凰水仙为代表。台湾地区青茶则以冻顶乌龙、白毫乌龙、文山包种等为代表。

闽南青茶主产于福建南部的漳州、平和等县市。闽南青茶的发酵程度比闽北青茶轻,揉捻环节采用包揉的工艺。其外形紧结,重实卷曲,色泽砂绿油润,香气清高持久,带花香,滋味浓厚鲜爽,回甘明显。代表茶叶有铁观音、黄金桂、本山、毛蟹、佛手等。

武夷岩茶是闽北青茶的代表,茶树生长于山坑岩壑间,生产的茶叶具有天然的岩骨花香。根据茶树生长的环境不同,平地茶园所产的为洲茶,武夷山区内的慧苑坑、牛栏坑、大坑口、天心岩、天游峰、竹窠岩等范围内所产的为正岩茶,武夷山区内除生产洲茶和正岩茶之外的茶园生产的岩茶为半岩茶。茶树花色品种繁多,品质差异大,代表的四大丛如大红袍、白鸡冠、铁罗汉、水金龟等,每个茶名的背后都有一个美丽的传说。另外还有武夷水仙、武夷肉桂等当家品种。

台湾地区青茶源于福建,但是福建青茶的制茶工艺传到台湾地区后有所改变,依据发酵程度和工艺流程的区别可分为轻发酵的文山包种茶、冻顶青茶和重发酵的台湾地区青茶(如东方美人茶)。

四、黄茶

黄茶也是我国特有的茶类之一,是从绿茶演变而来的特殊茶类。在唐时已有蒙顶黄芽成为贡茶。黄茶具有干茶色黄、汤色黄、叶底黄的"三黄"品质特征,其香气高锐,滋味醇爽。

加工过程中,在揉捻前后或初干后进行闷黄,在湿热的条件下茶叶中的茶多酚等物质进行氧化,并促使叶绿素降解,形成了黄茶"黄汤黄叶"的特点。根据采摘标准的不同,黄茶又分黄芽茶、黄小茶、黄大茶。我国的黄茶产量较小,品种也较少,代表茶品有君山银针、霍山黄芽、蒙顶黄芽、平阳黄汤、莫干黄芽等。

五、白茶

白茶是我国的特产,主要产于福建省的福鼎、政和、松溪和建阳等地,我国台湾地区也有少量生产。白茶生产已有 200 年左右的历史。茶叶外形以"满披白毫"为显著特点,加工工艺以"不炒不揉"为特点。白茶在加工过程中,经过长时间的萎凋,茶多酚发生了轻度而缓慢的氧化。

白茶最主要的特点是毫色银白,素有"绿妆素裹"之美感,且芽头肥壮,汤色黄亮,滋味鲜醇,叶底嫩匀。冲泡后品尝,滋味鲜醇可口,还能起药理作用。中医药理证明,白茶性清凉,具有退热降火之功效,海外侨胞往往将白茶视为不可多得的珍品。白茶的主要品种有白毫银针、白牡丹、新工艺白茶、贡眉、寿眉等。

六、黑茶

黑茶是六大茶类中的后发酵茶,过去以边销为主,少量内销,因此又称"边销茶"。黑茶根据工艺的不同,分为老青砖、茯砖、康砖与金尖等。

1. 老青砖

老青砖在新中国成立前主要集中于湖北蒲圻（今赤壁市）的羊楼洞一带,故又名"洞砖",砖面印有"川"字,又称"川字砖"。新中国成立后,老青砖主要集中在湖北省赵李桥茶厂加工,每块重2千克,长34厘米、宽17厘米、厚4厘米。青砖原料里外等级不一样,洒面、二面和里茶分别由老青茶的一、二、三级毛茶拼配压制而成。

2. 茯砖

茯砖是以湖南黑毛茶和四川西路边茶为原料的一种紧压茶。茯砖因在伏天加工,因此又称"伏砖"。湖南的茯砖主要集中在安化、益阳一带,茶砖呈长方形,一般每片重2千克,主要销往新疆、甘肃、青海一带。

茯砖在压制前需要经过一道特殊的工序——"发花",即在一定的温度、湿度条件下,使茶坯内部的特殊霉菌滋生,分泌各种酶,促进内含物质转化,使毛茶中的青涩味减弱,茶砖内部"金花"茂盛,茶叶色泽黄褐。"金花"学名冠突散囊菌,是一种有益菌,金黄色颗粒就是这种菌的孢子囊。

3. 康砖与金尖

康砖与金尖都是四川南路边茶中的紧压茶,主产于四川雅安、宜宾及重庆市等地,主要销往西藏、青海一带,市场上又称"藏茶"。现在,传统的康砖由各种绿毛茶拼配、压制而成,重0.5千克,呈圆角长方体。金尖每块净重2.5千克,呈圆角长方体,金尖色泽棕褐,香气平和,滋味醇厚,汤色红亮。从原料上来看,康砖的等级要高于金尖。

七、 再加工茶——花茶

花茶是我国传统的再加工茶,是由茶坯(绿茶或青茶等基本茶类)与各种香花进行窨制而成的茶叶。因此,花茶又称"香花茶""熏花茶""香片"。花茶以所采用的花的名称来命名,如"茉莉花茶""珠兰花茶""玫瑰花茶"等。

现在市场上销售最多的为茉莉花茶,是茉莉花与烘青绿茶经过窨花、通花、起花、烘干、提花等工序制成的。茉莉花茶香气清高鲜灵,滋味醇厚,汤色淡黄,饮后唇齿留香。

八、 深加工茶

传统茶叶的消费不能完全消耗掉我国的茶叶产量,每年大量的库存茶需要通过深加工来提高茶叶的附加值和产值。传统散茶的消费,需要用特有的茶具冲泡,对水温、环境等都有要求,而且冲泡后有茶渣,无法迎合年轻人和生活节奏较快的都市白领的需求。通过深加工,生产出不同类型的茶产品,如速溶茶、茶饮料、茶提取物等,适应各种层次消费者的需求,增加茶叶的消费量。

第二节　各类茶的加工工艺

一、绿茶的加工工艺

绿茶是鲜叶先经锅炒杀青或蒸汽杀青,揉捻后炒干或烘干或炒干加烘干加工而成的。在绿茶加工过程中,由于高温湿热作用,破坏了茶叶中的酶的活性,阻止了茶叶中的主要成分——多酚类的酶性氧化,较多地保留了茶鲜叶中原有的各种化学成分,保持了"清汤绿叶"的品质风格。因此,绿茶又称"不发酵茶"。

绿茶初制加工的一般步骤是摊放、杀青、揉捻、干燥。

1. 摊放

普通绿茶鲜叶嫩度要求为一芽二叶和一芽三叶,名优绿茶要求芽头、一芽一叶和一芽二叶初展。鲜叶采摘后不能立即进行加工,需要经过一定时间的摊放。摊放后,鲜叶中的水分减少,叶质变软,青草气减弱,茶叶中的氨基酸和可溶性糖增加。摊放后,鲜叶的失重率一般在15%～20%。

2. 杀青

采用高温破坏鲜叶中多酚氧化酶的活性,阻止鲜叶中多酚类物质在酶的作用下氧化,防止茶叶变化,保持茶叶固有的绿色,同时蒸发叶内部分水分,使叶质变软,便于揉捻。随着水分蒸发,一些低沸点的芳香物质散发,高沸点的芳香物质显露,从而使成品茶香气改善。杀青过程中要注意三个原则:首先,要"高温杀青,先高后低",高温能使茶鲜叶迅速升温,达到快速破坏细胞内多酚氧化酶的活性的要求,后期温度降低,以免茶尖和叶缘由于水分过度散失而导致焦化;其次应"抛闷结合,多抛少闷",绿茶要保持绿色的叶底和外形,叶绿素分解要少,因此多抛能使水蒸气尽快散发,以免过多湿热状态而使叶绿素降解产生黄色;最后,应注意"老叶嫩杀,嫩叶老杀"的原则,老叶水分含量低,杀青程度宜轻,嫩叶水分含量高,酶活性强,杀青程度应重一些。

3. 揉捻

用手或机器的力量使叶子卷曲,为茶叶塑形,并使叶细胞适量破坏,细胞中的茶叶生化成分以茶汁的形式溢出,并附于茶叶表面,冲泡时溶解于茶汤,增加茶汤浓度,形成茶的滋味。

4. 干燥

干燥的目的是利用高温蒸发水分,固定茶叶品质,进一步巩固和发展香气。干燥的方法有烘干、炒干、晒干三种形式。烘干一般分为初干(又称毛火)和足干(又称足火)。初干温度较高,高温有利于迅速固定品质,进一步发展香气。将茶叶烘至八成干,再用足火低温烘至足干。

绿茶四种杀青方式和杀青后三大变化

绿茶的杀青方式主要分为四种：蒸青、炒青、烘青和晒青。

（1）蒸青。也就是绿茶在初制时，采用热蒸汽杀青。蒸青绿茶的特征有"三绿"，即叶绿、汤绿、叶底绿。传统蒸青工艺绿茶有恩施玉露等。日本生产的绿茶大部分属于蒸青绿茶，如玉露、煎茶、抹茶等。

（2）炒青。绿茶初制时，经锅炒杀青、干燥。炒青绿茶有"外形秀丽，香高味浓"的品质特征。有些高档的炒青绿茶还有我们常说的"熟板栗香"。常见的炒青绿茶有龙井、碧螺春等。

（3）烘青。绿茶初制时，最后一道工序——干燥时用炭火或烘干机烘干。烘青绿茶的品质特征是茶叶的芽叶较完整，外形较松散，汤色清澈明亮，滋味鲜醇，香气清高。鲜叶原料细嫩的烘青绿茶易显毫。常见的烘青绿茶有黄山毛峰、高桥银峰等。

（4）晒青。绿茶初制时，最后一道工序——干燥时利用日光直接晒干。将茶叶晒干是最古老、最自然的干燥方式，晒青绿茶主要在云南、陕西、四川等地还有生产，分别称为滇青、陕青、川青等。

晒青绿茶作为商品茶直接销售或饮用并不太多，大多数用来作为黑茶的原料或直接压制成紧压绿茶。晒青绿茶很明显的特征就是有日晒的味道。

杀青后的第一个变化是，由于鲜叶受热，叶温迅速上升，叶片内自由水很快挥发，导致杀青叶内水分大量减少，由鲜叶的75％减少到杀青结束时的62％左右。杀青叶柔软蜷缩，利于塑造绿茶美丽的外形。

第二个变化是叶色变化，即由原鲜叶的青绿色（或鲜绿色）变成杀青叶的深绿色或浅黄绿色。

第三个明显变化是香气的变化。绿茶鲜叶以青草味为主，主要来源于鲜叶内带青草气的低沸点物质，例如占鲜叶总芳香油含量60％的青叶醇和青叶醛等。除此以外，鲜叶内还有诸多沸点在200 ℃左右的芳香物质，如芳樟醇及其氧化物、香叶醇及其氧化物，它们被称为高沸点芳香物质。

在茶叶杀青过程中，水分大量蒸发，带走了大量低沸点物质，这时高沸点芳香物质才得以显露。

（资料来源：《筑和社小课堂：绿茶的杀青方式及杀青后的变化》，吉泽轩，2018年4月6日，略有改动）

二、红茶的加工工艺

红茶是世界上生产和贸易的主要茶类，但在中国，红茶的生产量次于绿茶。红茶是全发酵的茶类。鲜叶经萎凋、揉捻、发酵、干燥等工序加工，制出的茶叶、汤色和叶底均为红色，故称为红茶。其主要品质特点是"红汤红叶"。红茶的加工工艺流程如下。

（1）萎凋。萎凋的目的是让鲜叶在一定条件下均匀地散失适量的水分，使细胞张力减小，叶质变软，便于揉卷成条，为揉捻创造物理条件。伴随水分的散失，叶细胞逐渐浓缩，酶的活性增强，引起茶叶内含物质发生一定程度的化学变化，为发酵创造化学条件，并使茶叶原有的青草气散失。

（2）揉捻。揉捻是形成红茶紧结细长的外形、增进内质的重要环节。揉捻的目的是在机械力的作用下，使萎凋叶卷曲成条；充分破坏叶细胞组织，茶汁溢出，使叶内多酚氧化酶与多酚类化合物接触，借助空气中氧的作用，促进发酵。由于揉出的茶汁凝于叶表，冲泡茶叶时，可溶性物质溶于茶汤，还可以增进茶汤的浓度。

（3）发酵。发酵建立在萎凋、揉捻的基础上，是形成红茶色香味的关键，是绿

叶变红的主要过程。发酵的目的是增强酶的活化程度,促进多酚类化合物的氧化缩合,进一步形成茶黄素、茶红素,形成红茶特有的色泽和滋味。同时,在适宜的环境条件下发酵,可以使发酵更充分,减少青涩气味,产生浓郁的香气。

（4）干燥。干燥的目的是利用高温破坏酶的活性,停止发酵,固定萎凋、揉捻特别是发酵所形成的品质。蒸发水分,使茶叶含水量降低到6％左右,以紧缩茶条,防止霉变,便于贮运。此时继续发散青臭气,进一步激发香气。红茶烘干一般分两次进行:第一次烘干称"毛火",中间适当摊凉;第二次烘干称"足火"。毛火运用高温快烤的原则,以便能迅速抑制酶的活性,散失叶内水分;足火运用低温慢烤的原则,继续蒸发水分,激发香气。

三、 青茶的加工工艺

青茶的基本加工工艺包括鲜叶采摘、晒青、做青、杀青、揉捻、干燥。这种加工工艺结合了绿茶和红茶的工艺,使青茶具有介于绿茶和红茶之间的品质特点,香气高,且具有天然的花香,滋味醇厚,回甘明显,耐冲泡,叶底具有绿叶红镶边的特点。

1. 鲜叶采摘

青茶的采摘标准一般为成熟采,形成驻芽的成熟新梢,又称"开面梢""开面采"。新梢顶部第一叶与第二叶的面积比例不大于1∶3的为小开面,不小于2∶3的为大开面,介于两者之间的为中开面。

2. 晒青

鲜叶采摘后,需要进行晒青。其原理是鲜叶在太阳光红外线和紫外线的作用下,叶温迅速升高,水分蒸发,酶的活性逐渐加强,促进了多酚类化合物的转化和对叶绿素的破坏,同时加速香草成分的形成与青草成分的挥发。晒青方法为:将鲜叶薄摊于水筛、竹帘或专用的布帘上,选择上午 11 点前或下午 3 点后日光较弱的时候进行晾晒。晒青时间为 15～30 分钟,中间翻叶 2～3 次。当晒青叶萎蔫,叶面贴伏,第二叶下垂,叶呈暗绿色并失去光泽,水分降至 74% 左右,晒青完成。闽北青茶晒青程度较闽南乌龙茶重,前者的减重率为 10%～15%,后者的减重率为 6%～12%。

3. 做青

做青是青茶制作的重要工序,特殊的花香和绿叶红镶边的特点就是在做青过程中形成的。做青过程包括摇青和凉青。根据茶叶品质要求、鲜叶特点及气候等因素的不同,青茶的做青工艺要求"看青做青""看天做青"。因此,即使同样的鲜叶、设备和加工人员,由于天气的不同,加工而成的青茶品质也不尽相同。做青较适宜的温度为 16～26 ℃,相对湿度为 55%～58%。其加工工艺原理为:将萎凋后的茶叶放入摇青机或筛子上,通过机械摇动,使叶片与叶片或叶片与摇青工具间相互摩擦和碰撞,擦伤叶缘细胞,从而促进细胞中的多酚类生化成分外溢,多酚类物质通过酶促作用与空气中的氧发生氧化反应,形成茶黄素氧化物质。晾青过程,能够将茶叶的水分重新分布,并促进醇类花香物质的形成。刚开始时水分蒸发非常缓慢,失水也较少,摇青伴随着水分的蒸发。推动梗脉中的水分和水溶性物质,通过输导组织向叶片渗透、运转,水分从叶面蒸发。水溶性物质在叶片内积累起来,最终形成茶叶的滋味物质。做青的过程也是走水的过程,是以水分的变化控制物质的变化从而促进香气滋味形成和发展的过程。掌握和控制好摇青过程中的水分变化,是青茶加工的关键。

当青叶呈半紧张状态,叶缘垂卷,叶背呈"汤匙状",主脉半透明,握感柔软时,这种做青的程度是较适宜的。如果做青过度,则青叶色泽发暗,无光泽,红边面积不大,香低;若做青不足,叶态萎蔫,叶色暗绿,梗较壮,青臭气明显。

4. 杀青

做青达到一定程度后,需要通过杀青来固定品质。一般采用锅杀和滚筒杀青的杀青方式,杀青温度在 200 ℃以上。杀青完成后,叶子能握成团而不散,梗折而不断,清香或花香显露。

5. 揉捻

杀青完成后,需进行揉捻或包揉成形。条形青茶,如闽北乌龙和广东乌龙采用揉捻机成形,然后烘干。而闽南乌龙需要进行多次包揉、烘干。包揉是安溪青茶和台湾地区高山茶制作的特殊工序,也是塑造外形的重要手段。包揉运用"揉、搓、压、抓"等动作,作用于茶坯,使茶条形成紧结、弯曲的螺旋状外形。通过初包揉可进一步摩擦叶细胞,挤出茶汁,使之黏附在叶表面上,加强非酶性氧化,增浓茶汤。包揉时,用力先轻后重,抓巾先松后紧,包揉过程中要翻拌 1～2 次,翻拌速度要快,谨防叶温下降。包揉时间为 2～3 分钟,初包揉后要及时解去布巾,进行复焙,如不能及时复焙,应将茶团解开散热,以免闷热泛黄。

6. 干燥

青茶的干燥是指在热力的作用下,使茶叶中一些不溶性物质发生热裂作用和异构化作用。干燥对增进茶叶滋味醇和、香气纯正有很好的效果。干燥应"低温慢烤",分两次进行。将第一次干燥称为"走水烘",使茶叶气味清纯。经第一次干燥,达到八至九成干,下烘摊放,使梗叶不同部位剩余水分重新分布。摊凉一小时左右后,进行第二次干燥。干燥的作用是蒸发水分、固定品质、紧结条形、激发香气和转化其他成分,对提高青茶品质有良好作用。如岩茶毛火时,采用高温快速烘焙法,使茶叶通过高温转化出一种焦脆香味。对足火后的茶叶还要进行文火慢烘的吃火过程,这对于增进汤色、提高滋味醇度和辅助茶香熟化等都有很好的效果。

四、黄茶的加工方法

黄茶的加工方法与绿茶相似,只是在工艺中增加了"闷黄"的工序。在闷黄过程中发生热酶促反应,湿热条件下促使茶叶内部成分发生一系列氧化、水解反应,叶绿素含量下降,胡萝卜素保留较多,因此形成了黄色的外形和叶底,同时儿茶素和黄酮类发生水解和氧化聚合,形成黄汤的特征,滋味也较绿茶醇和,回甘明显。黄茶的加工工艺如下。

1. 备料

黄茶鲜叶原料要求一芽四五叶,其他要求为芽头、一芽一叶或一芽二叶初展。

2. 杀青

黄茶杀青原理、目的与绿茶基本相同,但黄茶品质要求黄叶黄汤,因此杀青的温度与技术有其特殊之处。杀青锅温较绿茶的低,一般在 120~150 ℃。杀青时多闷少抖,形成高温湿热的条件,使茶叶内含物质发生一系列变化,如叶绿素受到较多破坏,多酚氧化酶、过氧化物酶失去活性,多酚类化合物在湿热条件下发生自动氧化和异构化,淀粉水解为单糖,蛋白质分解为氨基酸等。这些都为形成黄茶醇厚滋味及黄汤创造了条件。

3. 闷黄

闷黄是形成黄茶品质的关键工序。黄茶的闷黄是在杀青基础上进行的。在闷黄过程中,由于湿热作用,多酚类化合物总量明显减少,特别是儿茶素类大量减少。这些酯型儿茶素自动氧化和异构化,改变了多酚类化合物的苦涩味,从而形成黄茶特有的金黄色泽和较绿茶醇和的滋味。

4. 干燥

黄茶干燥分两次进行。毛火采用低温烘炒,足火采用高温烘炒。干燥温度先低后高,是形成黄茶香味的重要因素。堆积变黄的叶子,在较低温度下烘炒,水分蒸发慢,干燥速度缓慢,多酚类化合物的自动氧化和叶绿素的降解等在湿热作用下缓慢转化,促进了黄叶黄汤的进一步形成。然后用较高温度烘炒,固定已形成的黄茶品质,同时在干热作用下,使酯型儿茶素裂解为简单儿茶素和没食子酸,增加黄茶的醇和味感。

五、 白茶的加工方法

在传统白茶的加工过程中,不炒不揉,即不进行杀青和揉捻,基本工艺只有萎凋、干燥。

萎凋是白茶加工过程中最重要的工序,萎凋方法有室外自然萎凋、室内自然萎凋、加温萎凋等。在萎凋过程中,白茶内含成分发生轻度发酵,儿茶素形成茶黄素等,蛋白质水解为氨基酸,气味由青臭气转为清香。白茶萎凋至九成干左右进行烘干,阴雨天时可萎凋至六七成干时进行,以免茶叶变红变黑。

新工艺白茶的加工过程与传统工艺不同,增加了揉捻。通过揉捻,能使茶叶外形更加紧结、滋味更加浓厚,在运输过程中也不易破碎。

六、 黑茶的加工方法

黑茶属后发酵茶,主产区为四川、云南、湖北、湖南等地。黑茶是以绿茶为原料经蒸压而成的边销茶。四川、云南的茶叶主要运输到西北地区,当时交通不便,运输困难,为减少体积,所以蒸压成团块。黑茶在加工成团块的过程中,要经过 20 多天的湿坯堆积,所以毛茶的色泽逐渐由绿变黑。成品团块茶叶的色泽为黑褐色,并形成了成品茶的独特风味。黑茶的原料比较粗老,制造过程中往往要堆积发酵较长时间,所以叶片大多呈现黑褐色,因此被人们称为黑茶。黑茶主要供边区少数民族饮用,所以又称边销茶。

黑茶按地域分布,主要分为湖南黑茶、四川黑茶、云南黑茶及湖北黑茶。

传统黑毛茶的初制工艺为杀青、揉捻、干燥、渥堆。一般黑茶所采用的原料较粗老时,由于含水量少,在杀青时可进行洒水。杀青叶趁热揉捻,揉捻成形后进行渥堆。黑茶在渥堆过程中,微生物大量繁殖,呼吸和分解产物使堆内温度升高。为防止渥堆过度,在这个过程中还应适时翻堆。

渥堆过程促进了茶叶内部非酶性的氧化,转化成茶褐色等氧化物,黑茶形成褐绿或褐黄的外观特征,滋味更加醇和。以黑毛茶作为原料,经过蒸压最终形成黑茶成品"紧压茶"。

云南普洱茶分生茶和熟茶两种。普洱生茶以云南大叶种为原料,要经过杀青、揉捻、干燥、拼配、蒸压、干燥、包装、入库陈化等工序。

滇青毛茶经过拼配后，通过增加茶叶的含水量，促进茶内微生物和酶类的作用，堆高 1～1.5 米，每堆加工量为 8～10 吨，并保持叶层 20％～30％的湿度进行发酵。在渥堆过程中，还应进行 6～7 次的翻堆，堆温达不到 40 ℃或超过 65 ℃均应进行翻堆。渥堆一般要进行 4～6 周。渥堆完成后自然干燥，此时加工完成的是普洱散茶(熟茶)。散茶经过拼配、筛分、拣剔、蒸压、包装，就制成了各种形状的普洱紧压茶(熟茶)。

第三节　名茶简介

一、西湖龙井

"西湖之泉，以虎跑为最；两山之茶，以龙井为佳。"西湖龙井是我国绿茶中的名品，也是浙江省十大名茶之首。西湖龙井主产于浙江省杭州市西湖区狮峰、龙井、虎跑、梅家坞一带。特级西湖龙井一般用一芽一叶加工而成，干茶色泽翠绿，外形扁平光滑，形似"碗钉"，汤色碧绿明亮，滋味甘醇鲜爽，享有"色绿、香郁、味醇、形美"四绝之誉。

2008 年，国家质量监督检验检疫总局颁布《地理标志产品 龙井茶》(GB/T 18650—2008)，规定了浙江省龙井茶的地理标志产品的保护范围、生产及品质等要求。根据规定，杭州市西湖区现辖行政区域为西湖产区；杭州市萧山、滨江、余杭、富阳、临安、桐庐、建德、淳安等县市现辖行政区域为钱塘产区；绍兴市绍兴、越城、新昌、嵊州、诸暨等县市现辖行政区域以及上虞、磐安、东阳、天台等县市现辖部分乡镇区域为越州产区。

西湖龙井的采制技术相当讲究，通常以清明前采制的龙井茶品质最佳，称"明前茶"，谷雨前采制的品质尚好，称"雨前茶"。另外，在采摘上十分强调细嫩和完整。只采一个嫩芽的称"莲心"；采一芽一叶，叶似旗，芽似枪，称"旗枪"；采一芽二叶初展的，叶形卷曲如雀舌，称"雀舌"。

高级龙井茶的手工炒制是在特制的铁锅中不断变换手法而完成的。龙井茶的全手工炒制手法复杂，俗称"十大手法"，包括抓、抖、搭、搨、捺、推、扣、甩、磨、压。炒制时根据鲜叶大小、老嫩程度和锅中茶坯的成形程度，不断变换手法，非常巧妙，只有掌握了熟练技艺的人，才能炒出色、香、味、形俱佳的龙井茶。

　　高级龙井茶的炒制分青锅、回潮和辉锅。青锅，即杀青和初步造型的过程，当锅温达 80～100 ℃时，涂抹少许炒茶专用油（主要成分为茶籽油）使锅面更光滑，投入约 100 克摊放过的叶子，开始以抓、抖方式为主，散发一定水分后逐渐改用搭、压、抖、甩等方式进行初步造型，压力由轻而重。起锅后进行回潮，摊凉回潮一般为 40～60 分钟，最后经过辉锅，锅温 60～70 ℃，主要采用抓、扣、磨、推、压等手法。

　　现今市场上的龙井茶大部分采用半手工或全机械的方式加工。先采用长板式扁形茶炒制机青锅，摊凉后用龙井锅手工辉锅，或者用滚筒式龙井茶辉干机辉锅。

趣味小故事

西湖龙井的传说

传说乾隆皇帝下江南时,来到杭州龙井狮峰山下看乡女采茶,以示体察民情。这天,乾隆看见几个乡女正在十八棵绿油油的茶树前采茶,一时兴起,也学着采了起来。刚采了一把,忽然太监来报:"太后欠安,请皇上急速回京。"乾隆随手将一把茶叶往衣袋内一放,日夜兼程赶回京城。其实太后只因山珍海味吃多了,一时肝火上升,双眼红肿,胃里不适,并没有大碍。此时见皇儿来到,只觉一股清香传来,便问带来了什么好东西。

乾隆也觉得奇怪,哪来的清香呢? 他随手一摸,啊,原来是杭州龙井狮峰山的一把茶叶,几天过后已经干了,浓郁的香气就是它散出来的。太后便想尝尝茶叶的味道,宫女将茶泡好,送到太后面前,果然清香扑鼻。太后喝了一口,双眼顿时舒适多了,喝完了茶,红肿减轻,胃也不胀了。太后高兴地说:"杭州龙井的茶叶,真是灵丹妙药。"乾隆见太后这么高兴,立即传旨下去,将杭州龙井狮峰山下胡公庙前那十八棵茶树封为御茶,每年采摘新茶,专门进贡太后。至今,杭州龙井胡公庙前还保存着那十八棵御茶,到杭州的旅游者中有不少人专程去察访一番,拍照留念。

(资料来源:根据网络资料整理而成)

二、洞庭碧螺春

碧螺春是我国绿茶中的珍品,以形美、色艳、香浓、味醇享誉中外。碧螺春名称的由来有多种说法。其中一种相传以前此茶称作"吓煞人香",康熙得此茶时认为其名不雅,最后改名为碧螺春。也有人认为,碧螺春是因为色泽碧绿、形状卷曲如螺、采于早春而得名。

碧螺春产于江苏吴县(今苏州市吴中区和相城区)洞庭山。洞庭山位于太湖东南部,由洞庭东山与洞庭西山组成,东山是伸入太湖之中的一座半岛,上面有

洞山与庭山,故称洞庭东山;西山是太湖里最大的岛屿,因位于东山的西面,故称西山,全称洞庭西山。两山为茶、果间作区,茶树和桃、李、杏、柿、橘等果木交错种植,生态环境优越,使碧螺春具有天然的"花香果味"。

碧螺春一般在每年春分前后开采,谷雨前后结束。特级碧螺春通常采用一芽一叶初展、芽长1.6～2.0厘米的原料,叶形卷如雀舌,称为"雀舌"。炒制500克高级碧螺春需采6.8万～7.4万颗芽头。碧螺春炒制的主要工序为杀青、揉捻、搓团、干燥。杀青是在平锅或斜锅内进行,当锅温190～200 ℃时,投叶500克左右。揉捻时锅温控制在70～75 ℃,采用抖、炒、揉三种手法。搓团是形成条索卷曲似螺、茸毫满披的关键过程。锅温控制在50～60 ℃,边炒边以双手用力将全部茶叶搓成数个小团,不时抖散,反复多次。

碧螺春的品质特点是:条索纤细,卷曲成螺,满披白毫,银白隐翠,香气浓郁,滋味鲜醇甘厚,汤色碧绿清澈,叶底嫩绿明亮,嫩匀成朵。

碧螺春表面茸毛较多,适宜用沸水放凉到70～80 ℃冲泡,冲泡时,在杯中先放入水,然后再投茶叶,使茶叶慢慢在水中展开。

三、黄山毛峰

黄山毛峰由清代光绪年间谢裕泰茶庄所创制。该茶庄创始人谢正安亲自率人到黄山充川、汤口等高山各园选采肥嫩芽叶，经过精细炒焙，创制了风味俱佳的优质茶。该茶白毫披身，芽尖似峰，故取名"毛峰"，后冠以地名称"黄山毛峰"。黄山风景区内的紫云峰、桃花峰、云谷寺、松谷庵、吊桥庵、慈光阁一带为特级黄山毛峰的主产地。

特级黄山毛峰的采摘标准为一芽一叶初展，一至三级黄山毛峰的采摘标准分别为一芽一叶，一芽二叶初展，一芽一二叶，一芽二三叶初展。特级黄山毛峰采于清明前后，一至三级黄山毛峰采于谷雨前后。制作前鲜叶先进行拣剔，剔除冻伤叶和病虫危害叶，拣出不符合标准要求的叶、梗和茶果，以保证芽叶匀净。然后将不同嫩度的鲜叶分开摊放，散失部分水分。为了保质保鲜，要求上午采，下午制；下午采，当夜制。

黄山毛峰的制作分杀青、揉捻、烘焙三道工序。

（1）杀青。使用名优茶电炒锅，锅温要先高后低，即 130～150 ℃。每锅投叶量，特级 200～250 克，一级以下可增加到 500～700 克。鲜叶下锅后，闻有炒芝麻声响即为温度适中。单手翻炒，手势要轻，翻炒要快（每分钟 50～60 次），扬得要高，撒得要开，捞得要净。杀青程度要求适当偏老，即芽叶质地柔软，表面失去光泽，青气消失，茶香显露即可。

（2）揉捻。特级和一级原料，在杀青达到适度时，继续在锅内抓带几下，起到轻揉和理条的作用。二、三级原料杀青起锅后，及时散失热气，轻揉 1～2 分钟，使之稍卷曲成条即可。揉捻时速度宜慢，压力宜轻，边揉边抖，以保持芽叶完整，白毫显露，色泽绿润。

（3）烘焙。分为初烘和足烘。初烘时每只杀青锅配四只烘笼，火温先高后低，第一只烘笼烧明炭火，烘顶温度 90 ℃以上，以后三只烘笼的温度依次下降到 80 ℃、70 ℃、60 ℃左右。边烘边翻，顺序移动烘顶。初烘结束时，茶叶含水率为 15％左右。初烘过程翻叶要勤，摊叶要匀，操作要轻，火温要稳。初烘结束后，将茶叶放在簸箕中摊凉 30 分钟，以促进叶内水分重新分布均匀。待初烘叶有 8～10 烘时，将其并在一起，进行足烘。足烘温度 60 ℃左右，文火慢烘，至足干。拣剔去杂后，再复火一次，促进茶香透发，趁热装入铁桶，封口贮存。

特级黄山毛峰条索细扁,形似"雀舌",带有金黄色鱼叶(俗称"茶笋"或"金片",是有别于其他毛峰的特征之一);芽肥壮、匀齐、多毫;香气清鲜高长;滋味鲜浓、醇厚,回味甘甜;汤色清澈明亮;叶底嫩黄肥壮,匀亮成朵。

黄山毛峰的传说

明天启年间,新上任的黟县县令熊开元带着书童前去黄山游玩,因过于尽兴,结果迷了路。正着急时,遇到一位在山中找寻草药的老和尚,赶忙上前询问下山的路。和尚见天色已晚,便邀请熊开元回寺中做客,留宿一晚。

回到寺中,老和尚泡茶招待,在冲泡茶叶时,熊开元发现此茶形似雀舌,表面覆盖白毫,待老和尚将沸水倒入茶杯,只见热气绕着杯壁转了一个圈,随后热气回到茶杯中心直升而起一尺多高,在空中转了个圈,变成一朵莲花。莲花消散后热气迅速在室内扩散,满室清香,沁人心脾。熊开元看到此茶有此奇观,赶忙询问老和尚此茶来历,得知此茶是黄山毛峰。第二天离别时,老和尚送了一包茶叶和一葫芦黄山泉水,嘱咐熊开元一定要用黄山泉水冲泡才会出现白莲奇观。

熊开元回到县衙,正巧碰上太平知县来串门,便冲泡起带回来的黄山毛峰,向好友展示白莲奇观。竟然有这种奇茶。太平知县几天后赶往京城面见皇帝,将仙茶之事告知。当时的皇帝非常迷信,信奉鬼神之说,见此描述,当即命太平知县准备仙茶进宫表演。太平知县暗喜要升官发财,马不停蹄向熊开元讨要了黄山毛峰返京表演,结果并没有出现白莲奇观,皇上震怒,得知真相后当即下令逮捕熊开元进京受审。

进京之后,熊开元解释,此茶需用黄山泉水冲泡才会出现白莲奇观,请求皇帝给他一次机会。皇帝应允后,熊开元前往黄山拜见老和尚,求得黄山泉水。

这次果然出现了白莲奇观。皇帝大喜,对熊开元说道:"朕念你献茶有功,升你为江南巡抚,三日后就上任去吧。"但熊开元知仕途危险,便辞去官职,出家为僧,法名正志。

(资料来源:根据网络资料整理而成)

四、信阳毛尖

信阳毛尖产自河南信阳。信阳毛尖属特种绿茶,外形细、紧、圆、直、多白毫,内质香高、味浓、耐泡,享誉海内外,是我国传统十大名茶之一,曾经在1915年巴拿马万国博览会荣获金奖。历史上,信阳毛尖主产于今信阳市浉河区、平桥区和罗山县。现产地包括信阳市浉河区、平桥区、罗山县、光山县、新县、商城县、固始县、潢川县等管辖的100多个产茶乡镇。而今"信阳毛尖"的驰名地域为"五云、二潭、一寨"。五云即车云山、集云山、云雾山、天云山、连云山,二潭则是白龙潭和黑龙潭,一寨就是何家寨。

信阳毛尖产区茶叶的采摘,每年4月份开采,9—10月份停采。有时气温高,可采明前茶。采摘要求采大不采小、采嫩不采老,芽叶完整的采,有病虫害或机械损伤的不采,紫芽、老对夹叶、老单片叶不采,雨天不采等。在分级上以一芽一叶或一芽二叶初展为特级和一级毛尖,一芽二三叶为二至三级毛尖。

信阳毛尖炒制工艺独特,炒制分生锅(相当于茶青工艺)、熟锅(相当于炒二青工艺)、烘焙三个工序,用双锅变温法进行。生锅是用两口大小一致的光洁铁锅,并列安装成35°~40°倾斜状。用细软竹扎成圆扫茶把,在锅中有节奏地反复挑抖,鲜叶下锅后,开始初揉,并与抖散相结合。反复进行4分钟左右,形成圆条,至四五成干即转入熟锅内整形。熟锅开始仍用圆扫茶把继续轻揉茶叶,并结合散团,待茶条稍紧后进行赶条。当茶条紧细度初步固定不粘手时,进入理条,这是决定茶叶光和直的关键。理条手势自如,动作灵巧,关键是抓条和甩条。抓条时手心向下,拇指与另外四指张成"八"字形,使茶叶从小指部位带入手中,再沿锅带到锅缘,并用拇指捏住。借用腕力,在离锅心13~17厘米高处,将茶叶由虎口处迅速、有力、敏捷地摇摆甩出,使茶叶从锅内上缘依次落入锅心。"理"至七八成干时出锅,最后进行烘焙。烘焙经初烘、摊放、复火三个程序。控制含水量不超过6%,即为成品信阳毛尖。

五、祁门红茶

祁门茶叶,在唐代就已出名。据史料记载,祁门在清代光绪以前并不生产红茶,而是盛产绿茶,制法与六安茶相仿,故曾有"安绿"之称。光绪元年(1875年),

有个黟县人叫余干臣,从福建罢官回籍经商,因羡福建红茶(简称"闽红")畅销利厚,想就地试产红茶,于是在至德县(今池州市东至县)尧渡街设立红茶庄,仿效闽红制法,获得成功。次年就到祁门县的历口、闪里设立分茶庄,始制红茶成功。与此同时,祁门人胡元龙在祁门南乡贵溪进行"绿改红",设立日顺茶厂试生产红茶,也获成功,并取号牌"胡日顺"。从此祁门红茶(简称"祁红")不断扩大生产,祁门成了中国的重要红茶产区。

祁红茶叶的自然品质以祁门历口、闪里、平里一带最优,那里的茶树品种高产质优,且当地有肥沃的红黄土壤,气候温和、雨水充足、日照适度,所以生叶柔嫩且内含水溶性物质丰富,以3—4月份采收的品质最佳。祁红外形条索紧细匀整,锋苗秀丽,色泽乌润(俗称"宝光");内质清芳并带有蜜糖香味,上品茶更蕴含着兰花香(号称"祁门香"),馥郁持久;汤色红艳明亮,滋味甘鲜醇厚,叶底红亮。

祁红的制作工艺如下。

(1)采摘。祁红的采摘标准十分严格,高档茶以一芽一叶、一芽二叶原料为主,分批多次留叶采,春茶采摘6~7批,夏茶采摘6批,秋茶少采或不采。

（2）萎凋。将采下的生叶薄摊在晒簟上，在日光下晾晒直至叶色暗绿。

（3）揉捻。将萎凋后的生叶人工揉成条状，适度揉出茶汁。

（4）发酵。将揉捻叶置于木桶或竹篓中，加力压紧，上盖湿布放在日光下晒至叶及叶柄呈古铜色并散发茶香，即成毛茶湿坯。

（5）烘干。旧时茶农将湿坯用太阳晒，遇阴雨天用炭火烘焙，至五六成干，俗称毛茶。

六、大红袍

大红袍是武夷岩茶中的名丛珍品，是武夷岩茶中品质极优异者，产于福建武夷山市东南部的武夷山。武夷山大红袍是武夷岩茶的代表。大红袍母树于明末清初被发现并采叶制茶，距今已有 300 多年历史。大红袍母树生长在武夷山九龙窠的峭壁上，两旁岩壁矗立，日照不长，温度适宜，多反射光，昼夜温差大，岩顶终年有细泉浸润流滴。这种特殊的自然环境，造就了大红袍的特异品质。当地的大红袍古茶树现有 6 株，都是灌木茶丛，叶质较厚，芽头微微泛红。

大红袍是工序极多、技术要求极高与极复杂的茶类。其制法极为精细，基本制作工艺如下。

（1）采摘。鲜叶采摘标准为新梢芽叶生育至成熟（开面三四叶）、无破损、新鲜、均匀一致。鲜叶不可过嫩，过嫩则成茶香气低、味苦涩；也不可过老，过老则滋味淡薄、香气粗劣。

（2）萎凋。萎凋标准为新梢顶端弯曲，第二叶明显下垂且叶面大部分失去光泽，失水率为 10％～15％。其中日光萎凋是最好的萎凋方式。萎凋时，将鲜叶置于谷席、布垫等萎凋器上，摊叶厚度每平方米 1～2 千克。阳光强烈时要二晒二凉。晒青程度以叶面光泽消失、青气不显、清香外溢、叶质柔软，以及手持茶梢基部，顶叶能自然下垂为度。

（3）做青。手工做青时要以特有的手势摇青。将水筛中的凉青叶不断滚动回旋和上下翻动，通过叶缘碰撞、摩擦、挤压引起叶缘组织损伤，促进叶内所含物质的氧化与转化。摇后静置，使梗叶中的水分重新均匀分布，然后再摇，摇后再静置，如此重复 7～8 次，逐步形成其特有的品质特征。做青在岩茶制作中占有特殊地位，费时最长，一般需要 8～12 小时。若操之过急，苦水未清，则会给茶汤滋味带来不良影响。

（4）杀青。杀青标准为叶态干软,叶片边缘呈白泡状,手揉紧后无汁溢出且有粘手感,青气去尽呈清香味即可。

（5）揉捻。装茶量需达揉捻机盛茶桶高 1/2 以上至满桶;揉捻过程掌握先轻压 1~2 次,即采用轻—重—轻的方式,以利于桶内茶叶的自动翻拌和整形。初揉后即可投入锅中复炒,使茶条回软利于复揉,又补充杀青之不足,使已外溢的茶汁中的糖类、酶类等直接与高温锅接触,轻度焦化而形成岩茶的韵味。该过程虽仅 30 秒,却对品质起很大作用。复揉除使条形紧结外,还能提高茶汤浓度。

（6）走水焙。走水焙在一个密闭的焙间中用焙笼进行。在各个不同温度（90~120 ℃）的焙笼上以"流水法"操作,使复揉叶经历高、低、高不同温度的烘焙,达六七成干下焙。整个过程 10 多分钟。

（7）焙火与趁热装箱。拣剔后的茶条先以 90~100 ℃ 的温度复焙 1~2 小时,再改用 70~90 ℃ 低温"文火慢焙"。这是武夷岩茶特有的过程,对增进汤色、增加冲泡次数、改进滋味、熟化香气等有很好效果。最后趁热装箱,这也是一种热处理过程,有利于提高品质。

大红袍外形条索紧结匀整,色泽绿褐鲜润。冲泡后,汤色深橙黄色,明亮清澈,滋味甘醇,叶片黄绿相间,典型的叶片有绿叶红镶边之美感。大红袍品质最突出之处是香气馥郁,有兰花香,香高而持久,"岩韵"明显,香气浓郁,岩骨花香。大红袍很耐冲泡,冲泡七八次后仍有余香。

七、铁观音

铁观音既是茶树品种名,也是茶名。铁观音原产于安溪县西坪乡,已有 200 多年历史。传说安溪西坪南岩仕人王士让,曾经在南山之麓修筑书房,取名"南轩"。有一天,他偶然发现层石荒园间有株茶树与众不同,就将其移至南轩的茶圃,悉心培育。茶树枝叶茂盛,采制成品,乌润肥壮,泡饮之后,香馥味醇,沁人肺腑。乾隆六年（1741 年）,王士让入京,谒见礼部右侍郎方苞,并把这种茶叶送给方苞。方苞品后方知其味非凡,便转送内廷。皇帝饮后大加赞誉,因此茶乌润结实,沉重似铁,味香形美,犹如"观音",故赐名"铁观音"

铁观音是青茶中的极品,其品质特征是茶条卷曲,肥壮圆结,沉重匀整,色泽砂绿,整体形状似蜻蜓头、螺旋体、青蛙腿。冲泡后汤色金黄浓艳似琥珀,有天然馥郁的兰花香,滋味醇厚甘鲜,回甘悠久,俗称有"音韵"。铁观音茶香高而持久,可谓"七泡有余香"。

铁观音茶的原料是采摘成熟新梢的二三叶,俗称"开面采",即在叶片已全部展开,形成驻芽时采摘。采来的鲜叶力求新鲜完整,制作工艺如下。

(1)晒青、凉青。晒青时间以下午4点阳光柔和时为宜,叶子宜薄摊,以失去原有光泽,叶色转暗,手摸叶子柔软,顶叶下垂,失重6%～9%为适度。然后移入室内凉青后进行做青。

(2)做青。摇青与凉青相间进行,合称做青。铁观音鲜叶肥厚,要重摇并延长做青时间,摇青共3～5次,每次摇青的转数由少到多。摇青后摊置历时由短到长,摊叶厚度由薄到厚。第二、三次摇青必须摇到青味浓强、鲜叶硬挺,俗称"还阳",使梗叶水分重新分布平衡。第四、五次摇青,视青叶色、香变化程度而灵活掌握。做青适度的叶子,叶缘呈朱砂红色,叶中央部分呈黄绿色(半熟香蕉皮色),叶面凸起,叶缘背卷,从叶背看呈汤匙状,发出兰花香,叶片出现青蒂绿腹红边,稍有光泽,叶缘鲜红度充足,梗表皮显有皱状。

(3)炒青。又称杀青,现在多采用滚筒杀青机杀青。一般在青味消失、香气初露时即可进行。

(4)揉捻、烘焙。铁观音的揉捻是多次反复进行的。初揉3～4分钟,解块后即行初焙。焙至五六成干、不粘手时下焙,趁热包揉,运用揉、压、搓、抓、缩等手法。经三揉三焙后,再用50～60℃的文火慢烤,使成品香气敛藏,滋味醇厚,外表色泽油亮,茶条表面凝集有一层白霜。包揉、揉捻与焙火是多次重复进行的,直到外形满意为止,最后焙火烤干制成。

八、君山银针

君山银针,产于湖南省岳阳市洞庭湖一带,属于黄芽茶。君山银针始于唐代,清时被列为贡茶。《巴陵县志》记载:"君山产茶嫩绿似莲心。""君山贡茶自清始,每岁贡十八斤。"君山银针茶香气清高,味醇甘爽,汤色清澈,芽壮多毫,条直匀齐,白毫如羽,芽身金黄发亮,有淡黄色茸毫,叶底肥厚匀亮,滋味甘醇甜爽,久置不变其味。冲泡后,茶芽竖立于水中,徐徐下沉,再升再沉,三起三落,蔚成趣观。

君山银针采摘时间为清明前三天左右,直接从茶树上拣采芽头。芽头要求长25～30毫米、宽3～4毫米,一个芽头包含3～4个已分化却未展开的叶片。君山银针有"九不采"的习惯,即雨天不采、露水芽不采、紫色芽不采、空心芽不采、开口芽不采、冻伤芽不采、虫病芽不采、瘦弱芽不采、过长过短芽不采。

君山银针的制作特别精细而又别具一格,分杀青、摊凉、初烘、初包、复烘、摊凉、复包、足火八道工序,历时三昼夜,长达 70 小时之久。杀青锅温在 $80\sim120$ ℃,先高温后低温。初烘温度控制在 $50\sim60$ ℃,复烘温度和足火温度在 50 ℃左右。当茶芽色泽金黄、香气浓郁,即为适度。

君山银针有其特殊的冲泡方法:用开水预热茶杯,清洁茶具。用茶匙轻轻从茶罐中取出君山银针约 3 克,放入茶杯待泡。用水壶将 70 ℃左右的开水,先快后慢冲入盛茶的杯子,至 1/2 处,使茶芽湿透。稍后,再冲至七八分满为止。君山银针经冲泡后,可见茶芽渐次直立,上下沉浮,并且在芽尖上有晶莹的气泡。冲泡初始,芽尖朝上、蒂头下垂而悬浮于水面,随后缓缓降落,竖立于杯底,忽升忽降,有"三起三落"之称。最后竖沉于杯底,如刀枪林立,似群笋破土,堆绿叠翠,令人心仪。其原因极简单,不过是"轻者浮,重者沉"。"三起三落",因茶芽吸水膨胀和重量增加不同步,芽头比重瞬间变化而引起。最外一层芽肉吸水,比重增大即下沉,随后芽头体积膨胀,比重变小则上升,继续吸水又下降,如此往复。

趣味小故事

君山银针的传说

据说君山银针的第一颗种子还是数千年前娥皇、女英播下的。后唐的第二个皇帝明宗李亶,第一回上朝的时候,侍臣为他捧杯沏茶,热水向杯里一倒,马上看到一团白雾腾空而起,慢慢地出现了一只白鹤。这只白鹤对明宗点了三下头,便朝蓝天翩翩飞去了。再往杯子里看,杯中的茶叶都齐崭崭地悬空竖了起来,就像一丛丛破土而出的春笋。过了一会,又慢慢下沉,如雪花坠落一般。

明宗感到很奇怪,就问侍臣是什么原因。侍臣回答说这是君山的白鹤泉(即柳毅井)水泡黄翎毛(即银针茶)的缘故。明宗十分高兴,立即下旨把君山银针定为贡茶。自此君山银针名声远扬。

(资料来源:《君山银针的历史传说》,品茗客人,2024 年 3 月 5 日,略有改动)

第四章

茶的烹制与品鉴

中国是茶的故乡，历史悠久。人们常说："早晨起来七件事，柴米油盐酱醋茶。"可见茶在日常生活中的地位。中国茶的艺术，萌芽于唐，发扬于宋，改革于明，极盛于清，可谓有相当的历史渊源。

泡茶就是用开水浸泡成品茶，使其成为茶汤的过程。明代许次纾在《茶疏》中说："茶滋于水，水藉乎器，汤成于火。四者相须，缺一则废。"要泡好一杯茶，就要做到以茶配具、以茶配水、以茶配艺，使三个重要的因素在整个泡茶过程中得到恰如其分的运用，体现出神、美、智、均、巧的精神内涵。只有这样，我们才能真正领略到茶文化的精髓和品茶的乐趣。

茶叶的鉴别主要是通过人的视觉、嗅觉、味觉、触觉，对茶叶的色、香、味、形进行鉴定，这是确定茶叶品质优次和级别高低的主要方法。感官鉴茶不仅能快速地分辨出茶叶质量的好坏，而且能评出其他检测手段难以判明的茶叶品质上的"风味"。正确的审评结果对指导茶叶生产、改进制茶技术、提高茶叶品质、合理定级给价、促进茶叶贸易具有重要作用。

第一节 茶具的基本知识

茶具按照材质可分为陶土茶具、瓷器茶具、漆器茶具、玻璃茶具、金属茶具和竹木茶具等几大类。

一、茶具分类

1. 陶土茶具

陶器中的佼佼者首推宜兴紫砂茶具,其早在北宋初期就已崛起,成为独树一帜的优秀茶具。紫砂茶具造型简洁大方,色调淳朴古雅,外形有似竹结、莲藕、松段和仿商周古铜器形状的,在明代大为流行。正宗的紫砂壶和一般的陶器不同,其里外都不敷釉,采用当地的紫泥、红泥、团山泥抟制焙烧而成。经 1000~1200 ℃火温的紫砂壶,质地致密不渗漏,有肉眼看不见的气孔,能吸附茶汁,蕴蓄茶味,传热缓慢不烫手,即使冷热骤变,也不破裂。用紫砂壶泡茶,香味醇和,保温性好,无熟汤味,能保茶真髓。若热天盛茶,不易酸馊。一般认为,用紫砂壶泡乌龙茶最能展现茶味特色。

2. 瓷器茶具

瓷器茶具种类较其他茶具种类多一些,包括青瓷茶具、白瓷茶具、黑瓷茶具和彩瓷茶具等。

(1)青瓷茶具。青瓷茶具因其质地细腻、釉色青莹、造型端庄、纹样雅丽而名扬国内外,以浙江生产的质量最好。青瓷起始于东汉时期,晋代已具规模,到宋代达鼎盛时期。晋代,已有生产于浙江的当时最流行的一种叫"鸡头流子"的有嘴茶壶。宋代,五大名窑之一的浙江龙泉哥窑生产的包括茶壶、茶碗等各类青瓷器远销各地。当代,龙泉青瓷茶具仍在不断创新和发展。这种茶具因色泽青翠,用来冲泡绿茶,更有益汤色之美。

(2)白瓷茶具。白瓷茶具有坯质致密透明,上釉、成陶火度高,无吸水性,音清而韵长等特点。其因色泽洁白,能反映出茶汤色泽,传热、保温性能适中,加之色彩缤纷,造型各异,堪称饮茶器皿中之珍品。白瓷以景德镇的瓷器最为著名,其他如湖南醴陵、河北唐山、安徽祁门的茶具也各具特色。白瓷茶具适合冲泡各类茶叶。

（3）黑瓷茶具。宋代福建斗茶之风盛行,斗茶者根据经验认为建安所产的黑瓷茶盏用来斗茶最为适宜,黑瓷茶具随之驰名。蔡襄的《茶录》记载:"茶色白,宜黑盏,建安所造者绀黑,纹如兔毫,其坯微厚,熁之久热难冷,最为要用。出他处者,或薄或色紫,皆不及也。其青白盏,斗试自不用。"这种黑瓷兔毫茶盏,风格独特,古朴雅致,而且瓷质厚重,保温性能较好,故为斗茶行家所珍爱。

（4）彩瓷茶具。彩色茶具中以青花瓷茶具最引人注目。青花瓷茶具是以氧化钴为呈色剂,在瓷胎上直接描绘图案纹饰,再涂上一层透明釉,而后在窑内经1300 ℃左右高温还原烧制而成的器具。它的特点是:花纹蓝白相映成趣,有赏心悦目之感;色彩淡雅可人,有华而不艳之力。加之在彩料之上涂釉,显得滋润明亮,更平添了青花瓷茶具的魅力。其始于唐代,兴于元、明、清。唐代青花瓷茶具的主要产地有江西景德镇、吉安、乐平,广东潮州、揭阳,云南玉溪,四川会理,以及福建德化、安溪等。元代,景德镇为青花瓷主要产地。明代,青花瓷茶具清新秀丽,无与伦比。景德镇瓷器"诸料悉精,青花最贵"。清代,康熙、雍正、乾隆时期青花瓷茶具的烧制技术达到较高水平。康熙年间烧制的青花瓷器具,更是史称"清代之最"。

3. 漆器茶具

漆器茶具始于清代,主要产于福州一带。福州生产的漆器茶具多姿多彩,有"宝砂闪光""金丝玛瑙""釉变金丝""仿古瓷""雕填""高雕""嵌白银"等品种,特别是创造了红如宝石的"赤金砂"和"暗花"等新工艺以后,更加鲜丽夺目,令人喜爱。

4. 玻璃茶具

玻璃茶具质地透明、传热快、不透气。以玻璃杯泡茶,茶叶在整个冲泡过程中上下浮动、叶片逐渐舒展的情形以及吐露的茶汤颜色,均可一览无余。玻璃茶具的缺点是容易破碎、较烫手,但价廉物美。用玻璃茶具冲泡龙井、碧螺春等绿茶,杯中轻雾缥缈,茶芽朵朵、亭亭玉立,或旗枪交错、上下浮沉,赏心悦目,别有风味。

5. 金属茶具

金属用具是指用金、银、铜、铁、锡等金属材料制作而成的器具。它是我国较古老的日用器具之一。商朝时,我国青铜器就已广泛应用,也作食具、酒具、茶具。随着茶类的创新、饮茶方法的改变,以及陶瓷茶具的兴起,包括银质器具在内的金属茶具逐渐消失。现在金属茶具多用作冲壶、贮茶器具,因其密封性较好,用于贮茶防潮、防氧化、避光、防异味等。

6. 竹木茶具

在历史上,广大农村,包括产茶区,多用竹碗或木碗泡茶,其价廉物美,经济实惠,但现代已很少采用。现代竹木茶具多用于装茶。其特点是美观大方,不易破碎、不烫手,并具有艺术鉴赏价值。

7. 其他质料茶具

塑料茶具往往带有异味,以热水泡茶对茶味有影响,纸杯、塑料杯亦然,除临时急用外,不宜用来泡好茶。用保温杯泡高级绿茶,因长时间保温,香气低闷并有熟味,亦不适宜。

二、 茶具机能要求

茶具中茶壶、茶杯、茶船、茶盅、杯托、盖置的机能要求如下。

1. 茶壶

茶壶的种类通常分为四大类:陶壶、瓷壶、石壶和铁壶。茶壶通常由壶身、壶流、壶嘴等部分组成。壶身指茶壶的身体,包括壶肩及壶底;壶流是茶汤从壶嘴流出来的部分;壶嘴是壶流的尖端位置;水孔有单孔、网状水孔和蜂巢式水孔三个类别;壶盖在壶身上起密合作用;壶钮在壶盖上作为打开壶盖的部件;气孔用于调节倒茶时壶内外的压力;壶墙在壶盖下方突出位置,用于壶身与壶盖的接合;壶把指置茶时的把手;壶身凸出的部分称为壶腹;圈足在壶腹下,绕壶底一圈作为壶的立足。

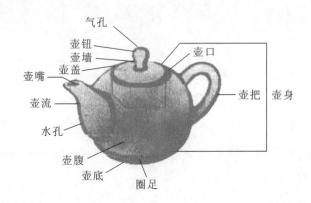

机能要求如下。

（1）壶口。作为茶叶入壶的第一关,壶口不能太小,尤其是遇到较为蓬松的茶叶。另外也方便泡完茶后去渣。

（2）水孔。单孔壶在倒茶时容易将茶叶冲入壶流内造成堵塞,在壶流与壶身一体注浆成形时,水孔成喇叭状,这种情况下堵塞将更常见,也更严重。网状水孔不容易出现这种现象,但不如蜂巢式水孔效果好,因为柔软、片状的茶叶展开后容易贴在网状水孔上。网状水孔或蜂巢式水孔一般要挖得细、挖得密,细者可以滤掉茶角,密者使水量足以供应壶嘴的外流。壶嘴要求出水顺畅,水柱不打滚不分叉,流量适中,不急不慢,不粗不细,易于控制茶汤浓度,且断水时不会有余水沿壶流外壁滴到桌面。

（3）壶把。侧提壶与飞天壶在操作的方便性上要比提梁壶好。为了置茶与去渣方便,提梁壶的提梁高度、宽度（壶口部分）须加大。其他壶的壶把要适手,且容易将壶提起。为了容易掌握壶的重心,侧提壶的壶把与茶壶重心垂直线所形成的角度应小于45°。壶把、壶口、壶嘴三点要平（上端在同一平面上）的说法并非绝对,后两点要平是基于水流的原理,而壶把可以根据造型的需要进行调整,有时高一点反而好拿。

（4）壶肩。原则上壶口与壶流间的距离越大越好;壶口前端与壶嘴的高度差越大越好。这样倒茶时,如果倾斜得太快,茶汤才不容易从壶口流出来。

2. 茶杯

（1）杯口。外翻形的杯口比直桶形的杯口要好拿一些,而且不烫手。

（2）杯身。用盏形杯不需抬头就可将茶喝完,用碗形杯则需抬头才能喝完,而用鼓形杯就要仰起头来。为了鉴赏茶汤的颜色,如果能与国际评茶标准杯相配合,小形杯茶汤有效容量的深度尽量保持在 2.5 厘米,这样在茶汤的比较上较为方便。

(3) 杯色。一般而言,纯白色最能呈现茶汤的颜色;为加强茶汤视觉效果,炒青绿茶用青瓷茶杯易于汤色翠绿,蒸青绿茶的茶粉用天目釉易于让它看起来可口些,重发酵的白毫乌龙用牙白色的杯子易让橘红色的茶汤显得更娇柔可口。

(4) 大小。一般小壶茶的杯子容积为 30～50 毫升。小壶茶一般一次泡 3～5 道,而且浓度会偏高些,足够一次茶会的茶水需求。大茶壶的杯子一般在 150 毫升左右,这种茶壶一般泡得淡一些,一次喝上两道左右。

(5) 杯数。一般六杯是颇为适当的数量。有些地方习惯一壶配五杯。

这里要强调的是,壶的大小要因杯子的大小与数量而定,经常以二杯壶、四杯壶、六杯壶称之。壶的大小要比杯子的适当容积大一些,因为茶叶会占去部分空间,冲泡的次数越多,占去的空间越大。但增加的容积不能过大,小壶增加20％,大壶增加 10％。

3. 茶船

茶船是陈放茶壶的垫底用具,可以增加美观,防止茶壶烫伤桌面或冲水溅到桌上。还可在喝完茶后,用它盛放泡过的茶叶,供客人欣赏叶底。去完渣涮壶时,亦可将壶内的水翻倒于茶船内,再持茶船将残水、残渣倒入水盂或茶车的排水孔内。

一般要求茶船外形呈高缘碗状或低缘盘状。容水量不得少于两壶,船缘高度也要足以防溅,这样便于在涮壶时将茶水翻倒于船内。因其常用来倒水,所以船缘的设计应考虑到倒水方便。有人将船做双层设计,船面打洞,用茶汤浇淋壶身时,茶汤流入夹层内,这样茶壶不会有一部分泡在水中,对养壶有好处,养出来的壶颜色均匀性较好。好的茶船应具备倒水孔,并加高船缘,这样涮壶就可以在船上进行。

4. 茶盅

(1) 形制。茶盅与茶壶配对成组,相辅相成,应设计为一主一副。若太一致,则不易协调。

（2）容量。茶盅的容量应该能让茶壶一次将茶倒光，否则会失掉茶盅的功能。比壶少一成的容积是可以的，因为壶内还放有茶叶，但与壶一样大较为保险。如果将茶盅设计得比壶大，人多时，可以泡两道供应一次茶；如果茶盅有一壶半的容量，在壶大人少时，第一泡茶汤供应不完，可加上第二泡后再供应两次。所以说，茶盅有调节供茶量的功能。

（3）滤渣。如果茶壶的滤渣功能不是很好，这时茶盅就要补充这项功能，可以在盅中加上一个高密度的滤网。

（4）断水。断水是茶盅较重要的机能，因为它的任务就是分倒茶汤入杯，如果不能断水，会把茶汤滴得到处都是。茶壶若因形态之需而无法具备断水功能时，最好搭配有断水机能的茶盅，泡好茶后，持壶一次性将茶全部倒入盅内，就不会有滴水之忧。

5. 杯托

（1）高度。杯托可设计成盘式、碗式、船式或高台式，其高度应方便从桌面上端取。除高台式外，其他形式的杯托，托缘距桌面1.5厘米以上为宜。

（2）稳度。杯子放在托上，客人持托取杯时，杯子要能安稳地固着在杯托上。为避免因滑落打杯的现象，杯托中间要有个凹槽或圈足，甚至设计成杯状体，套住杯底。

（3）防粘。杯托的制作应预防杯子粘住杯托，可以通过减少两者间的密合度来预防。

6. 盖置

（1）形制。盖置可能用来放置壶盖、盅盖或水壶盖，目的是预防这些盖子的水滴到桌面，或是接触到桌面显得不卫生，所以多采用托垫式的盖置，且盘面应大于壶盖，并有汇集水滴的凹槽。

（2）高度。太高、太凸显的盖置会使茶具景观变得复杂，托垫式的盖置高度与杯相同即可，支撑式的盖置可以略高一些。

第二节　茶的基本冲泡技艺

一、茶的基本冲泡流程

茶的冲泡分为三个阶段：第一阶段是准备，第二阶段是操作，第三阶段是完成。茶的冲泡方法有简有繁，要根据具体情况，结合茶性而定。各地由于饮茶嗜好、风俗习惯不同，冲泡方法和程序也会有一些差异。但不论技艺如何变化，要冲泡任何一种茶，除了备茶、备水、烧水、配具之外，应共同遵守以下冲泡流程。

1. 温具

用热水冲淋茶壶，包括壶嘴、壶盖，同时烫淋茶杯。随后将茶壶、茶杯沥干。其目的是提高茶具温度，使茶叶冲泡后温度相对稳定，不使温度过快下降，这对于较粗老茶叶的冲泡尤为重要。

2. 置茶

按茶壶或茶杯的大小用茶，置一定数量的条叶于壶（杯）中。如果用盖碗泡茶，那么泡好后可直接饮用，也可将茶汤倒入杯中饮用。

3. 冲泡

置茶入壶（杯）后，按照茶与水的比例，将开水冲入壶中。冲水时，除乌龙茶冲水到壶口外，通常以冲水八分满为宜。如果使用玻璃杯或白瓷杯冲泡细嫩名茶，冲水以七分满为宜。冲水时，在民间常用"凤凰三点头"之法，即将水壶下倾、上提三次，其寓意表示主人向宾客点头、欢迎致意，同时可使茶叶和茶水上下翻动，使茶汤浓度一致。

为何泡茶时第一泡是倒掉的？

1. 为了清洁

泡茶时把第一泡倒掉，目的是洗去茶表面的脏东西。这一习惯与工夫茶道有关。工夫茶道的泡法在广东、福建等南方地区比较多。喝工夫茶一般选乌龙茶。这些茶是需要炒制的。以前不具备现代化生产条件，炒茶都是人工在一个铜鼎里用手炒。为了卫生起见，人们在泡茶时习惯性地洗洗茶，把第一泡茶倒掉不喝，久而久之，这一习惯成了工夫茶道的一道工序。在泡茶待客时，主人先冲掉一遍，用茶碗盖刮去漂在上面的泡沫，一是清洁茶表面的浮灰，二是表示对客人的尊重。

2. 为了醒茶

醒茶分干醒和湿醒。干醒是在冲泡前，湿醒则是在第一道冲泡时，用适宜的水温使叶片舒展，洗去茶叶表面的浮灰，使茶能够达到最佳的冲泡状态，相当于给茶做个热身运动。

以铁观音为例，制作铁观音有一道工序叫"揉捻"，即在杀青后，制茶师傅用手将原叶包揉成颗粒状，此道工序是成就铁观音外形特征（即我们常说的"蜻蜓头、螺旋体、蝌蚪尾"）的关键。泡铁观音时，首泡茶的作用就是醒茶。第一道冲泡，铁观音的叶片在热水的滋润下舒展开来，达到热身后的状态；接着再次冲泡，茶叶开始充分接触热水，茶的内含物质才慢慢地渗透出来。流行的说法是，第三泡的铁观音最好喝，无论是香气还是滋味口感，都是最佳的。

3. 烘托气氛

招待客人时，客人与主人面对面坐着，第一泡洗茶的茶汤虽然清淡，但也有茶香，用它洗完茶杯后淋在茶盘上，茶香飘出来，还没开始喝，客人就闻到茶香了，让人急不可待想品一品，品茶的气氛马上就来了。

值得注意的是，不是泡所有茶，第一泡都要倒掉的。像原料等级高的茶，就不需要洗。比如大多数绿茶(龙井、碧螺春、黄山毛峰)，原料比较嫩的红茶(如金骏眉)，它们是由全茶芽或一芽一叶制成的，原料等级高，第一泡就可以喝了。

像原料等级低、多为粗老叶制成的茶，如老白茶，还有加工工序比较复杂，需要渥堆发酵、长期存放的黑茶类，还是洗洗再喝为好。

4. 奉茶

奉茶时，主人要面带笑容，最好用茶盘托送给客人。如果直接用茶杯奉茶，放置客人处后，手指并拢伸出，以示敬意。这时，客人可右手除拇指外其余四指并拢弯曲，轻轻敲击桌面，或微微点头，以表谢意。

5. 赏味

如果饮的是高级名茶，那么，茶叶一经冲泡后，不可急于饮茶，应先观色察形，接着端杯闻香，再啜汤赏味。赏味时，应让茶汤从舌尖沿舌两侧流到舌根，再回到舌尖，如此反复二三次，以留下茶汤清香甘甜的回味。

6. 续水

一般当客人已饮去2/3的茶汤时，就应续水入壶(杯)。如果茶水全部饮尽时再续水，那么，续水后的茶汤就会淡而无味。续水通常二三次就足够了。如果还想继续饮茶，那么应该重新冲泡。

(资料来源：根据网络资料整理而成)

二、冲泡绿茶的基本技艺

(一) 绿茶茶具的配置

名优绿茶，一般兼具"色、香、味、形"四大优点，其中干茶外形在茶叶审评时占25%的分数。而茶汤和叶底各占10%的分数。而为了便于充分欣赏名茶的茶形、汤色和叶底，并且防止水温过高闷坏茶，通常宜选用敞口厚底无花玻璃杯。

一是可以保持茶香。玻璃杯不易吸香,能更好地保持绿茶的清香。二是能够及时散热,避免闷黄茶叶。玻璃杯传热、散热较快。三是可以极好地观赏茶舞。玻璃杯质地透明,晶莹剔透,用玻璃杯泡茶,明亮翠绿的茶汤、芽叶的细嫩柔软、茶芽在沏泡过程中的上下起伏、芽叶在浸泡过程中的逐渐舒展等情形,可以一览无余,是一种动态的艺术欣赏。特别是冲泡各类名优绿茶,玻璃杯中轻雾缥缈,清澈碧绿,芽叶朵朵,亭亭玉立,赏心悦目,别有风味。

大宗绿茶外形粗糙,观赏价值较低,可选用茶壶冲泡,闻其香,尝其味,不见其形。"老茶壶泡",一则可保持热量,利于茶浸出物溶解于茶汤,提高茶汤中有益于身体健康的成分;二则较粗老的茶叶缺乏观赏价值,且耐泡,但用来待客不太雅观,用壶泡或盖碗泡,可避免失礼之嫌。

(二) 泡茶的水温及茶水的比例

泡茶的水温要因茶而异,切忌闷坏茶。同样是名贵绿茶,但不同品种的绿茶因茶性不同,对水温的要求差别很大。一般来说,冲泡水温的高低影响到茶中可溶性浸出物的浸出速度,水温越高,浸出速度越快,在相同的时间内,茶汤的滋味越浓。

如冲泡碧螺春,水温 75 ℃ 左右就足够了。冲泡龙井茶,一般用 80～85 ℃ 水温即可。而黄山毛峰因有鱼叶保护,要求用 100 ℃ 沸水冲泡。用玻璃杯冲泡绿茶不加盖。需注意的是,冲泡绿茶的水温是将水烧开后再冷却至所需温度;若是处理过的无菌生水,只需烧到所需温度即可。

在日常生活中,最忌讳用开水瓶、保温杯等器皿冲泡绿茶,这样极易闷坏茶,使茶"熟汤失味",即茶汤失去鲜爽度和嫩香,变得苦涩沉闷。

茶叶冲泡时,茶与水的比例称为茶水比。茶水比不同,茶汤香气的高低和滋味浓淡各异。茶叶与水要有适当的比例,水多茶少味道淡薄,茶多水少则茶汤会苦涩不爽。

(三) 冲泡的次数、时间

一般茶在冲泡第一次时,茶中的物质能浸出 50％～55％,第二次冲泡能浸出 30％,第三次冲泡能浸出 10％,第四次冲泡只能浸出 2％～3％,与白开水无异。

茶的滋味是随着冲泡时间的延长而逐渐增浓的。一般冲泡后 3 分钟左右饮用最好。时间太短,茶汤色浅、味淡;时间太长,香味会受损,茶汤颜色会变成老黄色,滋味也会变得苦涩。

（四）绿茶冲泡的具体步骤

绿茶属不发酵茶,根据杀青方式和最终干燥方式的不同,绿茶的冲泡可分为蒸青绿茶、炒青绿茶、烘青绿茶、晒青绿茶的冲泡。成品干茶呈绿色,冲泡后,茶汤呈浅绿或黄绿色,具有"清汤绿叶"的特点。绿茶根据品类、品级的不同,可采用不同的冲泡方式。一般名优细嫩绿茶采用杯泡法,中档绿茶采用盖碗冲泡,大宗绿茶采用壶冲泡。

1. 杯泡法的具体步骤

（1）备具。①茶艺师上场,行鞠躬礼,落座。②将茶叶罐、茶道组、茶巾、水盂、茶荷等分置于茶盘两侧。③将玻璃杯按"一"字或弧形排开,摆放在茶盘上。④将烧开的水放凉备用。⑤将茶巾折叠整齐备用。

（2）赏茶。①双手捧起茶荷,送至客人面前请客人欣赏干茶外形、色泽及嗅闻干茶香气。②必要时向客人介绍茶叶的类别、名称及特性。

（3）洁杯。①水注入杯中 1/3,注水时采用逆时针悬壶手法。②手伸平,掌心微凹,右手端杯底,将水杯平放在左手上,双手向前搓动,用滚杯的手法将水倒入水方。

（4）置茶。绿茶投茶方式有三种:上投法、中投法、下投法。①上投法:将水注入杯中七分满,将干茶轻轻拨入已经注水的玻璃杯中。②中投法:将水注至杯中 1/3 处,将干茶拨入已注水的玻璃杯,再注水至杯中 2/3 处。③下投法:将干茶轻轻拨入杯中,加水至七分满。

（5）温润泡。①将降了温的开水沿杯壁注至杯中 1/4 处,注意避免直接浇在茶叶上,以免烫坏茶叶。②手托杯底,右手扶杯身,以逆时针方向旋转三圈,使茶叶充分浸润。③浸润时间掌握在 15～50 秒,视茶叶的紧结程度而定。

（6）冲泡。以"凤凰三点头"的手法注水至七分满,水壶有节奏地三起三落,水流不间断,使水充分激荡茶叶,加速茶叶中有益物质的析出。

（7）奉茶。①右手轻握杯身中下部,左手托杯底,双手将茶放到方便客人拿取的位置,按主次、长幼顺序奉茶。②放好茶后,使用礼貌用语"请喝茶"或"请品饮",同时伸右手行伸掌礼示意。

（8）品茶。①持杯。女性一般以左手手指轻托茶杯底,右手持杯;男性可单手持杯。②赏茶。先闻香,次观色,再品味,而后赏形。③将玻璃杯移至鼻前,细闻幽香。④移开玻璃杯,观看清澈明亮的汤色。⑤趁热品饮,深吸一口气,使茶汤由舌尖滚至舌根,细品慢咽,体会茶汤甘醇的滋味。⑥欣赏茶叶慢慢舒展,芽笋林立,以及优美可人的茶舞。

(9) 谢客。及时续水,整理茶桌上的茶具,行礼谢客。

2. 盖碗冲泡的具体步骤

(1) 备具。①茶艺师上场,行鞠躬礼,落座。②将茶叶罐、茶道组、茶巾、公道杯、水盂、茶荷等分置于茶盘两侧。③将盖碗按"一"字或弧形排开,摆放在茶盘上。④将烧开的水放凉备用。⑤将茶巾折叠整齐备用。

(2) 赏茶。①双手捧起茶荷,送至客人面前请客人欣赏干茶外形、色泽及嗅闻干茶香气。②必要时向客人介绍茶叶的类别、名称及特性。

(3) 洁杯。①右手提随手泡,按逆时针方向回转手腕一圈低斟,使水流沿碗口注入;然后提腕高冲;待注水量为碗总容量的 1/3 时复压腕低斟,回转手腕一圈及时断水,然后轻轻将水壶放回原处。②左手托住碗底,端起盖碗右手按逆时针方向转动手腕,双手协调令盖碗内各部位充分接触热水后,放回茶盘。③右手提盖钮将碗盖靠右侧斜盖,在盖碗左侧留一小隙;依前法端起盖碗平移于公道杯上方向左侧翻手腕,水从盖碗左侧小隙中流进公道杯中。④公道杯中的水从左至右一次注入品茗杯中,而后依次将杯中水倒入水盂。

(4) 置茶。左手持茶荷,右手拿茶匙,将茶叶从茶荷中依次拨入盖碗内,通常每个盖碗内投茶 2～3 克干茶。

(5) 润茶。①将降了温的水注入碗中没过茶。②盖上碗盖,左手托碗底,右手扶碗身,逆时针方向回旋三圈,使茶叶充分浸润。③浸润时间掌握在 15～50 秒,视茶叶的紧结程度而定。

(6) 冲泡。沿盖碗内壁高冲水至茶碗七分满,迅速将碗盖稍加倾斜地盖在茶碗上,使盖沿与碗沿之间有一空隙,避免将碗中的茶叶闷黄泡熟。

(7) 奉茶。双手持碗托,将茶奉给宾客,同时行点头礼。

(8) 品饮。①闻香:端起盖碗置于左手,左手托碗托,右手三指捏盖钮,逆时针转动手腕让碗盖边沿浸入茶汤,右手顺势揭开碗盖,将碗盖内侧朝向自己,凑近鼻端左右平移细闻茶香。②观色:嗅闻茶香后,用碗盖撇去茶汤表面的浮叶,边撇边观赏汤色,然后将碗盖左低右高斜盖在碗上(盖碗左侧留一小缝)。③品味:用盖碗品茶男女有别。女士左手托碗托,右手大拇指和中指持盖顶,将盖略微倾斜,品饮;男士右手大拇指、中指捏住碗沿下方,食指轻搭盖钮,提起盖碗,手腕向内旋转 90°使虎口朝向自己,从小缝处小口啜饮。男士可免去左手托碗托。

(9)谢客。及时续水,整理茶桌上的茶具,行礼谢客。

3. 壶泡法的具体步骤

(1)备具。①茶艺师上场,行鞠躬礼,落座。②将随手泡、茶道组、玻璃壶、玻璃品茗杯、公道杯、茶叶罐、茶荷、茶巾、茶垫、水盂等分置于茶船上和两侧。

(2)洁具。①将壶盖打开,将开水按逆时针方向沿壶口冲至水壶的 1/4,将壶盖盖上。②左手拿起茶巾,右手持壶,逆时针轻轻旋转两圈,使壶内外充分加热。③依次将壶内的水分别注入品茗杯中,再将杯中水倒入水盂。

(3)置茶。①左手将茶荷拿起,右手持茶匙,将茶叶轻轻地拨入玻璃壶内。②茶叶用量按壶的大小而定,一般以每克茶冲 50 毫升水的比例投茶。

(4)润茶。①采用回旋注水法,向壶内注水 1/4,将壶盖上。②左手拿起茶巾,右手持壶,逆时针转动壶 2~3 圈,使茶叶慢慢浸润、舒展。

(5)冲泡。润茶后,将开水以回旋低斟的手法冲入壶内,待水没过茶叶后,改为高冲法,将壶冲泡注满,盖上壶盖。

(6)分茶。①茶叶在壶中浸泡 2 分钟左右,将茶壶中的茶汤倒入公道杯,为避免闷黄茶叶,将壶盖揭开放在一旁。②将公道杯中的茶汤分别倒入品茗杯中,以茶汤入杯七分满为标准。

(7)奉茶。双手持茶垫,将茶奉给宾客,同时行点头礼,以手示意请客人喝茶。

(8)品茶。①闻香:细闻茶香。②观色:观赏汤色。③品味:女性左手托杯底,右手持杯;男性右手持杯。

(9)谢客。及时续水,整理茶桌上的茶具,行礼谢客。

三、 冲泡红茶的基本技艺

(一) 红茶茶具配置

我国饮茶多以清饮为主,冲泡红茶既可选用杯泡、盖碗泡和壶泡,还可选用工夫茶具冲泡。工夫红茶多用壶(紫砂壶、瓷壶、玻璃壶)泡法和工夫泡法,工夫红茶具有香高、色艳、味醇的特点,用壶泡法能更好地体现它的香高、味醇的特点。

一般红碎茶多选用白瓷、红釉瓷、暖色瓷的壶杯具、盖杯或咖啡壶具,其侧重点是观赏汤色。

（二）泡茶水温及茶水比例

冲泡红茶的水温均以初沸为宜。

1. 清饮法

水温:细嫩红茶以 90 ℃水冲泡;粗老红茶、低档红茶则以 100 ℃水冲泡。
茶水比例:条红茶 1:60～1:50;红碎茶 1:80～1:70。

2. 调饮法

水温:以 100 ℃水冲泡。
茶水比例:随品饮者口味而定。

（三）冲泡次数和时间

1. 清饮法

次数:工夫红茶可冲泡 2～3 次。
时间:30～60 秒。

2. 调饮法

次数:红碎茶只可冲泡 1 次。
时间:3～5 分钟。

（四）红茶冲泡的具体步骤

1. 红茶清饮壶泡法的具体步骤

(1) 备具。①将随手泡、茶道组、茶罐、茶荷、茶巾、水盂等分别置于茶船两侧。②将瓷壶、瓷品茗杯、公道杯按一定图形摆放在茶盘上。

（2）温具。①以回旋手法沿壶口向瓷壶内注入 1/2 水,烫洗瓷壶,使壶身内外加热。②将壶中水倒入公道杯中,再将公道杯中的水分别倒入品茗杯中,而后将杯中水倒入水盂。

（3）赏茶。①用茶则将茶罐中的茶叶量入茶荷中。②双手将茶荷端起,请客人欣赏干茶的形状、色泽、香味。

（4）置茶。用茶匙将茶荷里的茶叶拨入茶壶内。

（5）润茶。以回旋手法向壶内注水没过茶叶,待 10 秒左右后,将润茶水倒入水盂。

（6）冲泡。①将沸水用"悬壶高冲"的手法逆时针缓缓冲进壶内。②静置2～3分钟。

（7）出汤。将茶汤倒入公道杯内,均匀茶汤。

（8）分茶。①将公道杯中的茶汤依次巡回倒入品茗杯至七分满。②将品茗杯放在杯托上。

（9）奉茶。双手持杯托,将茶奉给宾客,同时行点头礼,以手示意请客人喝茶。

（10）品茶。①闻香:细闻茶香。②观色:观赏汤色。③品味:用"三龙护鼎"的手法持杯。

（11）谢客。及时续水,整理茶桌上的茶具,行礼谢客。

2. 红茶清饮杯泡法的具体步骤

（1）备具。准备好飘逸杯、带把的玻璃茶杯(或带把的瓷杯)、随手泡、茶荷、茶匙、茶巾、水盂等。

（2）温具。①将飘逸杯中注入少量热水,慢慢旋转杯子,烫遍杯子内壁。②将飘逸杯中的水倒入茶杯中温杯,然后将水倒掉。

（3）置茶。根据飘逸杯容量和个人喜好,投入适量的茶叶。

（4）冲泡。①先向飘逸杯中注入少量的水,以没过茶叶为宜,然后尽快出汤倒掉。②以高冲手法再次向飘逸杯内注适量的水,静置1～3分钟,即可出汤。

（5）品茶。将泡好的茶汤倒入茶杯中,注入七成满,即可品饮。

3. 红茶清饮盖碗泡法的具体步骤

（1）备具。准备好白瓷盖碗、品茗杯(内壁为白色)、公道杯、随手泡、茶荷、茶匙、茶巾、水盂、95 ℃水等。

（2）赏茶。①将茶荷捧至客人面前，请客人鉴赏干茶。②同时，可以简要介绍茶叶的品质特征。

（3）温具。①右手提随手泡，按逆时针方向回转手腕一圈低斟，使水流沿碗口注入；然后提腕高冲；待注水量为碗总容量的 1/3 时复压腕低斟，回转手腕一圈及时断水，然后轻轻将水壶放回原处。②左手托住碗底，端起盖碗右手按逆时针方向转动手腕，双手协调令盖碗内各部位充分接触热水后，放回茶盘。③右手提盖钮将碗盖靠右侧斜盖，在盖碗左侧留一小隙；依前法端起盖碗平移于公道杯上方向左侧翻手腕，水从盖碗左侧小隙中流进公道杯中。④将公道杯中的水从左至右一次注入品茗杯中，而后依次将杯中水倒入水盂。

（4）置茶。将茶荷内的茶叶投到盖碗内，根据盖碗的容量和客人喜好，以 4～5 克为宜。

（5）润茶。向盖碗中注入少量的水，以没过茶叶为宜，然后尽快出汤倒掉。

（6）冲泡。①将沸水用"悬壶高冲"的手法逆时针缓缓冲进盖碗。②静置 2～3 分钟。

（7）出汤。将茶汤倒入公道杯内，均匀茶汤。

（8）分茶。①将公道杯中的茶汤依次巡回倒入品茗杯至七分满。②将品茗杯放在杯托上。

（9）奉茶。双手持杯托，将茶奉给宾客，同时行点头礼，以手示意请客人喝茶。

（10）品茶。①闻香：细闻茶香。②观色：观赏汤色。③品味：用"三龙护鼎"的手法持杯。

（11）谢客。及时续水，整理茶桌上的茶具，行礼谢客。

4. 红茶调饮冲泡法的具体步骤

（1）备具。①将随手泡、茶道组、茶罐、茶荷、茶巾、水盂等分别置于茶船两侧。②将瓷壶、带把瓷杯、公道杯按一定图形摆放在茶盘上。

（2）温具。①以回旋手法沿壶口向瓷壶内注入 1/2 水，烫洗瓷壶，使壶身内外加热。②将壶中水倒入公道杯中，再将公道杯中的水分别倒入瓷杯中，而后将杯中水倒入水盂。

（3）赏茶。①用茶则将茶罐中的茶叶量入茶荷中。②双手将茶荷端起，请客人欣赏干茶的形状、色泽、香味。

（4）置茶。将茶荷内的茶叶投到盖碗内，根据盖碗的容量和客人喜好，以4～5克为宜。

（5）润茶。以回旋手法向壶内注水没过茶叶，待10秒左右，将润茶水倒入水盂。

（6）冲泡。①将沸水用"悬壶高冲"的手法逆时针缓缓冲进盖碗。②静置2～3分钟。

（7）出汤。将茶汤倒入公道杯内，均匀茶汤。

（8）分茶。①将公道杯中的茶汤依次巡回倒入瓷杯。②将瓷杯放在杯托上。

（9）调饮。①根据客人的口味和喜好在瓷杯中加入牛奶（或糖、蜂蜜、柠檬、白兰地、冰块等）。②用茶匙轻轻搅拌使其融合。

（10）奉茶。双手持杯托，将茶奉给宾客，同时行点头礼，以手示意请客人喝茶。

（11）品茶。①闻香：细闻茶香。②观色：观赏汤色。③品味：慢慢品味。

（12）谢客。及时续水，整理茶桌上的茶具，行礼谢客。

四、 冲泡青茶的基本技艺

（一）青茶茶具的配置

我国青茶品种繁多，茶叶外形有很大差异，如铁观音呈螺钉状，台湾地区冻顶乌龙外形紧结呈半球状，武夷岩茶、凤凰水仙系列、台湾地区文山包种、台湾地区东方美人等茶叶呈条索形。因此，外形不同，投茶量有所不同，所选泡茶器具也不相同。

冲泡乌龙茶宜选用宜兴紫砂壶或瓷质盖碗，以紫砂壶、闻香杯、品茗杯组合茶具冲泡乌龙茶效果更佳。选壶时应根据品茶人数多少来选择大小适宜的壶。另外，还可以选择盖碗、白瓷小杯等。

（二）泡茶水温及茶水比例

器温和水温要双高，这样才能使乌龙茶的内质发挥得淋漓尽致。冲泡乌龙茶的水温最好用95～100 ℃的沸水，但不可"过老"。

唐代茶圣陆羽把开水分为三沸："其沸，如鱼目，微有声，为一沸；缘边如涌泉连珠，为二沸；腾波鼓浪，为三沸。"一沸之水还太嫩，用于冲泡乌龙茶劲力不足，泡出的茶香味不全。三沸的水太老，水中溶解的氧气、二氧化碳已挥发殆尽，泡出的茶汤不够鲜爽。唯二沸的水称为"得一汤"。正如"天得一以清，地得一以宁"，只有用二沸的"得一汤"冲泡乌龙茶，才能使茶的内质之美发挥到极致。

茶与水的比例为1∶20，一般投茶量为6～8克（约占茶壶容积的1/3）。

（三）冲泡次数和时间

冲泡乌龙茶应视其品种、室温、客人口感以及选用的壶具来掌握出汤时间。对于初次接触的乌龙茶，温润泡后的第一泡可先浸泡15秒左右，然后视其茶汤的浓淡，再确定是延时还是减时。当确定了出汤的最佳时间后，从第四泡开始，每一次冲泡均应比前一泡延时10秒左右。好的乌龙茶"七泡有余香，九泡不失茶真味"。

（四）青茶冲泡的具体步骤

1. 乌龙茶紫砂壶冲泡法的具体步骤

（1）备具。①茶艺师上场，行鞠躬礼，落座。②将茶叶罐、茶道组、茶巾、茶荷等分置于茶盘两侧。③将紫砂壶摆放在茶盘的中心位置，茶杯以一定构图位置（集中或并列）摆放于紫砂壶前方，将茶盅摆放在壶盖的一侧。如果使用滤网，可将茶盅和滤网、滤网架分列于壶盖的两侧。茶席的构图应体现实用性与艺术性结合的原则。④以随手泡煮水二至三沸后备用。⑤将茶巾折叠整齐备用。

（2）赏茶。①用茶针将茶叶从茶叶罐中轻轻拨入茶荷，对圆形紧实的茶可用茶则取茶。②将茶荷双手捧起，送至客人面前，请客人欣赏干茶外形、色泽及嗅闻干茶香气。③如有必要，用简短的语言介绍即将冲泡的茶叶的品质特征和文化背景。

（3）温壶。①揭开壶盖，以回旋注水法温壶，盖上壶盖，浇淋壶身。②将壶内的水注入架上滤网的茶盅，再将茶盅中的水从左至右依次注入闻香杯和品茗杯。③用茶夹分别将闻香杯、品茗杯夹起，将杯中的水倒在茶船上，将闻香杯、品茗杯摆回茶垫上。

（4）置茶。①单手（左右手均可）开盖，逆时针转动手腕将壶盖置于茶盘上。②左手拿茶荷，右手拿茶匙，两手放松，缓缓将茶叶拨入紫砂壶中，注意投茶时不要将茶叶落到茶盘上。③疏松条形茶用量为茶壶容积的 2/3 左右，球形及紧实的半球形茶的用量为茶壶容积的 1/3 左右。

（5）摇香。摇香的目的是使茶香借着热度散发出来，并使开泡后茶质易于释放展现。①茶入壶后，迅速盖上壶盖，双手捧茶壶轻轻前后晃动几下。②将壶盖打开一条缝，嗅闻摇香后的茶味，有助于进一步了解茶性。在摇香的过程中应该动作优美、轻盈，闻香时，壶盖开口不要太大。

（6）洗茶。①将 100 ℃的沸水高冲入壶，待水沫溢出壶口时，用壶盖轻轻抹去，淋去浮沫，盖上壶盖。②立即将茶汤注入茶盅，分于各闻香杯中。洗茶之水可用于闻香。

（7）冲泡。①用逆时针"悬壶高冲"的手法注水至紫砂壶，使水充分激荡茶叶，加速茶叶中有益物质的溶出。②左手拿起壶盖逆时针推掉壶口的浮沫，以使茶汤清醇。

（8）烫杯。①用手洗法转洗闻香杯，再用茶夹法从左至右依次转洗品茗杯。②洗后的每个闻香杯和品茗杯都分别在茶巾上沾干外壁和杯底的残水。

（9）分茶。①冲泡 1 分钟后，将茶汤注入茶盅。②将茶水分注到闻香杯中至七分满。台湾地区茶人把斟茶称为投汤，投汤有两种方式：①将茶汤倒入公道杯，用公道杯向各茶杯分茶（优点：各杯的茶汤浓度均匀，没有茶渣）。②用泡壶直接向杯中斟茶（优点：茶香散失少，茶汤热。缺点：茶汤浓淡不易均匀）。

（10）奉茶。①扣杯、翻杯。奉茶前，先将品茗杯逐个扣于相对应的闻香杯上，再翻转使品茗杯在下闻香杯在上。②如果茶客围坐较近，可直接用双手端取品茗杯，先在茶巾上轻按一下，吸净杯底残水后放在杯垫上，以双手端杯垫奉茶。③如果茶客坐得比较远，则需双手将茶端放到奉茶盘上，用奉茶盘送到客人面前，按主次、长幼顺序奉茶。④使用礼貌用语"请喝茶"或"请品饮"，并行伸掌礼。

（11）品茶。①闻香：将闻香杯凑近鼻端细闻茶香。②观色：用"三龙护鼎"的手法端起品茗杯，观赏茶汤颜色。③品味：小口啜饮，使茶汤在口腔中停留一会儿，徐徐咽下，充分领略茶汤的滋味。

（12）收杯。①将杯具清洗干净，整齐摆放在茶盘上，用茶巾将茶盘擦拭干净。②行鞠躬礼谢客。

用紫砂壶泡茶的好处

紫砂壶之所以受到茶人喜爱,一方面是由于紫砂壶造型美观,风格多样,独树一帜;另一方面是因为它在泡茶时有许多优点。

1. 不夺茶香

这个当然是老生常谈,紫砂器以无土气的粗砂(也就是紫砂)制作,泡茶色香味皆蕴,既不夺茶香也无熟汤气。用紫砂壶泡茶,只要对茶性和水温的掌握没有错误,基本都可以泡出比其他茶具(如陶瓷)更好喝的茶。

2. 茶汤隔夜不馊

常说紫砂壶泡茶"暑月不馊",其实意思是夏天泡茶放一夜茶汤不会变馊,而不是放很久也不会馊,若放上几天,那当然会坏掉的。

3. 透气

紫砂是双气孔结构的多气孔材质,透气性好但不会渗漏,可以吸收茶汤,泡茶日久会在壶内累积茶锈,即使不放茶叶,沸水冲入也会有淡淡茶香,这也是一壶侍一茶的原因。

4. 用久生古玉光泽

紫砂壶泡茶内养,洗涤擦拭外养,日久生光,也就是常说的养壶,养得好的紫砂壶色润、古朴,非常喜人。

5. 耐冷热性好

紫砂壶在骤冷骤热之下不会惊裂(壶有暗伤,朱泥壶除外),即使冬季也不会因温度剧变而胀裂。

6. 导热慢,不易烫手

紫砂壶导热慢、耐烧,保温性也好,因此对于半发酵茶来说,紫砂壶是最佳选择。

7. 可塑性强,造型多变

紫砂壶可塑性较强,尤其是经过长时间陈腐的泥料,也造就了紫砂壶器型多变、品种繁多。

8. 颜色多变,不确定性高

紫砂壶不上釉,但同样的泥料在不同的温度下可以表现出不同的颜色,这也是紫砂壶的魅力所在。

9. 具有文化底蕴

紫砂器往往与文人雅士、佛家僧众结缘,因此紫砂壶身的诗词画作多反映了一个时代的人文风尚,其艺术性和人文价值较高。

（资料来源:根据网络资料整理而成）

2. 乌龙茶盖碗冲泡法的具体步骤

(1) 备具。准备好白瓷盖碗、品茗杯(白瓷小杯)、公道杯、随手泡、茶荷、茶匙、茶巾、水盂、100 ℃水。

(2) 赏茶。①将茶荷捧至客人面前,请客人鉴赏干茶、嗅闻香气。②同时,可以简要介绍茶叶的品质特征。

(3) 温具。①右手提随手泡,按逆时针方向回转手腕一圈低斟,使水流沿碗口注入;然后提腕高冲;待注水量为碗总容量的1/3时复压腕低斟,回转手腕一圈及时断水,然后轻轻将水壶放回原处。②左手托住碗底,端起盖碗右手按逆时针方向转动手腕,双手协调令盖碗内各部位充分接触热水后,放回茶盘。③右手提盖钮将碗盖靠右侧斜盖,在盖碗左侧留一小隙;依前法端起盖碗平移于公道杯上方向左侧翻手腕,水从盖碗左侧小隙中流进公道杯中。④将公道杯中的水从左至右一次注入品茗杯中,而后依次将杯中水倒入水盂。

(4)置茶。将茶荷内的茶叶投到盖碗内,根据盖碗的容量和客人喜好,以5～7克为宜。

(5)润茶。向盖碗中注入少量的水,以没过茶叶为宜,然后尽快出汤倒掉。

(6)冲泡。①将沸水用"悬壶高冲"的手法逆时针缓缓冲进盖碗。②静置1～2分钟。

(7)出汤。将茶汤倒入公道杯内,均匀茶汤。

(8)分茶。①将公道杯中的茶汤依次巡回倒入品茗杯至七分满。②将品茗杯放在杯托上。

(9)奉茶。双手持杯托,将茶奉给宾客,同时行点头礼,以手示意请客人喝茶。

(10)品茶。①闻香:细闻茶香。②观色:观赏汤色。③品味:用"三龙护鼎"的手法持杯。

(11)谢客。及时续水,整理茶桌上的茶具,行礼谢客。

五、 冲泡黄茶的基本技艺

（一）黄茶茶具配置

黄茶与绿茶的茶性相似，所以在冲泡品饮时，可以参照绿茶的冲泡方法。君山银针、蒙顶黄芽、霍山黄芽等属黄芽茶类，适宜用玻璃杯泡饮。沩山毛尖、鹿苑毛尖、北港毛尖等属于黄小茶类，适宜用盖碗冲泡。而广东大叶青、霍山黄大茶、皖西黄大茶等属于黄大茶类，宜选用瓷壶冲泡。

（二）泡茶水温及茶水比例

选水：泡茶用水选山泉水或矿泉水为上，其次是纯净水。

水温：冲泡名优黄茶用 75 ℃的水温。

茶水比例：1∶50，玻璃杯每杯投茶量为 3 克。

（三）冲泡次数和时间

冲泡时间 5 分钟内饮用，时间过长和过短都不利于茶香散发、茶汤滋味辨别。玻璃杯冲泡黄茶适用"下投法"或"中投法"。一般黄茶可冲泡 3～4 次。

（四）黄茶冲泡的具体步骤（以玻璃杯冲泡黄茶为例）

（1）备具。①将茶叶罐、茶道组、茶巾、水盂、茶荷分置于茶盘两侧。②将玻璃杯按"一"字或弧形排开，摆放在茶盘上。③将烧开的水放凉备用。④将茶巾折叠整齐备用。

（2）赏茶。①将茶荷双手捧起，送至客人面前，请客人欣赏干茶外形、色泽及嗅闻干茶香气。②必要时向客人介绍茶叶的类别、名称及特性。

（3）温杯。①将水注入杯中 1/3，注水时采用逆时针悬壶手法。②左手伸平，掌心微凹，右手端杯底，将水杯平放在左手上，双手向前搓动，用滚杯的手法将水倒入水盂。

（4）置茶。将干茶拨入玻璃杯,每杯 3 克茶叶。

（5）温润泡。①将降了温的 70 ℃左右开水沿杯壁注入杯中约 1/3,注意避免直接浇在茶叶上,以免烫坏茶叶。②用杯盖盖在杯上,茶芽慢慢舒展开来,慢慢下沉。

（6）冲泡。用"凤凰三点头"的手法注水至七分满,有节奏地三起三落水流不间断,使水充分激荡茶叶,使茶叶慢慢舒展开来。

（7）奉茶。①右手轻握杯身中下部,左手托杯底,双手将茶放到方便客人拿取的位置,按主次、长幼顺序奉茶。②放好茶后,使用礼貌用语"请喝茶"或"请品饮",同时伸右手行伸掌礼示意。

（8）品茶。①女性一般以左手手指轻托茶杯底,右手持杯;男性可单手持杯。②先闻香,次观色,再品味,后赏形。

（9）谢客。及时续水,整理茶桌上的茶具,行礼谢客。

六、 冲泡白茶的基本技艺

（一）白茶茶具配置

新白茶的冲泡与绿茶基本相同,老白茶适合煮着喝,会更好地发挥其功效。因此冲泡新白茶宜选择无色无花的玻璃杯,可以欣赏到杯中茶的形和色,观赏"满盏浮花乳,芽芽挺立"的景观,更好地品其味、闻其香,赏白茶独特的韵味。

而老白茶经过陈放,在口感上有特殊之处。冲泡得当的老白茶,滋味甘醇,有着如同巧克力般的顺滑感,轻啜茶汤,觉得无限温柔。除了汤水的柔和细腻,老白茶的香气也十分有特色,最为常见的是药香,闻干茶,便可感受到如同干草药般的气息。捧一把在手中,香气受到手掌热量的作用,愈加浓郁起来。冲泡后,香气进一步释放,有的老白茶(寿眉饼、贡眉饼)还会有枣香,如同冬日里熬的腊八粥一般。如果没有使用正确的冲泡方式,老白茶的滋味便会大打折扣,甚至会把香气泡没了。不论你喝的是陈年白毫银针、白牡丹,还是老寿眉、老贡眉,都可采用煮茶的方式。煮茶,也是现在的一种主流泡茶法,尤其适合寒冷的天气。而用于煮茶的茶具也比较多元化,从紫砂壶到玻璃壶到陶壶等,材质较多。对于大部分茶友来说,玻璃壶是最容易驾驭的,因其材质透明,可清楚观察到汤色的变化,能够很好地控制出水时间,实时把握煮茶时长。且玻璃壶的容量大,煮一壶茶可供多人饮用。

(二) 泡茶水温及茶水比例

选水:泡茶用水选山泉水最好,纯净水也可以。

水温:新名优白茶用 75～85 ℃的温水冲泡,老白茶用沸水煮。

茶水比例:茶壶投茶量为 5～8 克,玻璃杯每杯投茶量为 2～3 克。

(三) 冲泡次数和时间

新茶冲泡 5 分钟后饮用,时间过长和过短都不利于茶香散发与茶汤滋味辨别。煮老白茶的时间,以烧开为宜。一般白茶可冲泡 3～4 次。

(四) 白茶冲泡的具体步骤

1. 玻璃壶煮老白茶

(1)备具。①将玻璃壶、电磁炉、茶道组、茶荷、茶巾、水盂分置于茶船两侧。②将品茗杯、公道杯、茶垫按一定图形摆放在茶盘上。

(2)赏茶。双手将茶荷端起,请客人欣赏老白茶干茶的形状、色泽、香味。

(3)温具。①以旋手法沿壶口向玻璃壶内注入 1/2 水,烫洗玻璃壶,使壶身内外加热。②将壶中水倒入公道杯中,再将公道杯中的水分别倒入品茗杯中,而后将品茗杯中的水依次倒入水盂。

(4)置茶。用茶匙将茶荷里的茶叶拨入玻璃壶内。

(5)润茶。将开水注入壶内,没过茶叶,茶叶温润后迅速将茶汁倒掉。

(6)煮茶。①以高冲的手法将水注入壶内至七分满,将玻璃壶放到电磁炉上进行熬煮。②茶水烧开后,将电磁炉设为保温。

(7)出汤。将茶汤倒入公道杯内,均匀茶汤。

(8)分茶。①将公道杯中的茶汤依次倒入品茗杯至七分满。②将品茗杯放在杯托上。

(9) 奉茶。①手持杯托,将茶奉给宾客。②行点头礼,以手示意请客人喝茶。

(10) 品茶。①香:端起品茗杯,用"三龙护鼎"的手法持杯,细闻茶香。②色:观赏汤色。③味:小口啜饮,充分体会茶汤的滋味。

(11) 谢客。及时续水,整理茶桌上的茶具,行礼谢客。

2. 用玻璃杯泡茶法

(1) 备具。①茶艺师上场,行鞠躬礼,落座。②将茶道组、茶荷、茶巾、水盂分置于茶盘两侧。③将玻璃杯按"一"字或弧形排开,摆放在茶盘上。

(2) 赏茶。①将茶荷双手捧起,送至客人面前,请客人欣赏干茶外形、色泽及嗅闻干茶香气。②必要时向客人介绍茶叶的类别、名称及特性。

(3) 温杯。①将水注入杯中 1/3,注水时采用逆时针悬壶手法。②手伸平,掌心微凹,右手端杯底,将水杯平放在左手上,双手向前搓动,用滚杯的手法将水倒入水盂。

(4) 置茶。将 2～3 克茶叶轻轻拨入杯中。

(5) 温润泡。①将开水沿杯壁注入杯中约 1/4,注意避免直接浇在茶叶上,以免烫坏茶叶。②手托杯底,右手扶杯身,以逆时针方向旋转三圈,使茶叶充分浸润。③冲泡时间掌握在 15～50 秒,视茶叶的紧结程度而定。

(6) 冲泡。①以"凤凰三点头"的手法注水至七分满,水壶有节奏地三起三落水流不间断,使水充分激荡茶叶,加速茶叶中有益物质的析出。②冲泡后使茶水静置 3 分钟后方可饮用。

(7) 奉茶。①右手轻握杯身中下部,左手托杯底,将茶放到方便客人拿取的位置,按主次、长幼顺序奉茶。②放好茶后,使用礼貌用语"请喝茶"或"请品饮",同时伸右手行伸掌礼示意。

(8) 品茶。①端杯:女性一般以左手手指轻托茶杯底,右手持杯;男性可单手持杯。②赏茶:先闻香,次观色,再品味,而后赏形。闻香:将玻璃杯移至鼻前,细闻幽香。观色:移开玻璃杯,观看清澈明亮的汤色。品味:趁热品饮,深吸一口气,使茶汤由舌尖滚至舌根,细品慢咽,体会茶汤甘醇的滋味。赏形:欣赏茶叶慢慢舒展,芽笋林立,以及优美可人的茶舞。

（9）谢客。及时续水,整理茶桌上的茶具,行礼谢客。

七、冲泡黑茶的基本技艺

（一）黑茶茶具配置

黑茶讲究沸水冲泡,因此,最好选择铸铁壶烧水,因为铸铁壶可以把水烧到100 ℃,有利于泡出黑茶的味道。宜选择粗犷、大气的茶具,以容量较大的紫砂壶或陶壶为宜。品茗杯则以内壁挂白釉的紫砂杯为佳。玻璃杯和白瓷杯也可以,更便于观赏黑茶的汤色。

（二）泡茶水温及茶水比例

选水:泡茶用水可选泉水、井水、矿泉水、纯净水。

水温:黑茶茶叶粗老,所以冲泡黑茶的水温要求以100 ℃为宜。

茶水比例:一般为1∶50～1∶30,盖碗投茶量为5～8克,茶壶投茶量为壶的二至四成。福建、两广等地习惯饮酽茶,云南也以浓饮为主,只是投茶量略低于前者。江浙、北方喜欢淡饮。亦可根据客人喜好而定。

（三）冲泡次数和时间

黑茶属后发酵茶,如熟普经过人工渥堆又长期存放,难免会有灰尘,所以,冲泡时必须要温润泡(2次),第一次速度要快,只是将茶叶洗净即可,不可将茶的味道浸泡出来。第二次是为了唤醒茶叶的味道(又叫醒茶),所以注水盖过茶叶,20～30秒出水(根据茶叶紧压程度,压得紧的茶叶时间稍长;压得松的茶叶时间稍短;散茶时间可以再短一些,5～10秒即可)。

第一泡10秒,第二泡15秒,第三泡后依次冲泡20秒。一般黑茶可冲泡7～8泡,越往后浸泡的时间越长。冲泡次数越多,茶叶营养物质浸出越少。

（四）黑茶冲泡的具体步骤（以紫砂壶冲泡黑茶为例）

（1）备具。①将随手泡、茶道组、茶罐、茶荷、茶巾、水盂分置于茶船两侧。②将紫砂壶、紫砂品茗杯(内壁白色)、公道杯按一定图形摆放在茶盘上。

（2）赏茶。①用茶则将茶罐中的茶叶量入茶荷中。②双手将茶荷端起,请客人欣赏干茶的形状、色泽、香味。

（3）温具。①以回旋手法沿壶口向紫砂壶内注入 1/2 水,烫洗紫砂壶,使壶身内外加热。②将壶中水倒入公道杯中,再将公道杯中的水分别倒入品茗杯中,而后将杯中水依次倒入水盂。

（4）置茶。用茶匙将茶荷里的茶叶拨入茶壶内。

（5）润茶。①熟茶要润两遍茶。②第一遍快冲快出。③第二遍在 20～30 秒后出水。

（6）冲泡。①将 100 ℃的沸水用"低斟"的手法沿壶壁缓缓注入,使茶汁慢慢浸出。②第一泡 10 秒后出汤,第二泡 15 秒后出汤,第三泡后一次 20 秒,至七八泡后适当延长浸泡时间。

（7）出汤。将茶汤倒入公道杯内,均匀茶汤。

（8）分茶。①冲泡 1 分钟后,将茶汤注入茶盅。②将茶水分注到闻香杯中至七分满。③将公道杯中的茶汤依次巡回倒入品茗杯至七分满。④将品茗杯放在杯托上。

（9）奉茶。手持杯托,将茶奉给宾客,同时行点头礼,以手示意请客人喝茶。

（10）品茶。①闻香:细闻茶香。②色:观赏汤色。③味:用"三龙护鼎"的手法持杯。

（11）谢客。及时续水,整理茶桌上的茶具,行鞠躬礼谢客。

八、 冲泡花茶的基本技艺

（一）花茶茶具配置

冲泡花茶,以维持香气不散失和显示茶坯特质美为原则。最好选用白瓷盖碗,以衬托花茶特有的汤色,保持花茶的芳香。对于茶坯细嫩的高级花茶,也可以选用带盖的玻璃杯,观赏茶叶在水中飘舞、沉浮,以及茶叶徐徐展开,复原叶形,渗出汤汁与汤色的变化过程。

（二）泡茶水温及茶水比例

选水：泡茶用水选山泉水或矿泉水为上，其次是纯净水。

水温：冲泡花茶的水温视茶坯种类而定。以绿茶做茶坯的名优花茶用85 ℃的水冲泡；以红茶为茶坯的花茶用 90 ℃的水冲泡；以乌龙茶为茶坯的花茶用100 ℃的水冲泡。

茶水比例：1:50，玻璃杯每杯投茶量为 3 克。

（三）冲泡次数和时间

冲泡时间 3～5 分钟内饮用，时间过长和过短都不利于茶香散发及茶汤滋味辨别。盖碗冲泡花茶适用"下投法"。一般花茶可冲泡 3～4 次，每泡茶闷茶时间应比前一次延长 15 秒。

（四）花茶冲泡的具体步骤（以盖碗冲泡花茶为例）

（1）备具。①将茶叶罐、茶道组、茶巾、水盂、茶荷分置于茶盘两侧。②将 3套盖碗按"一"字或弧形排开，摆放在茶盘上。③将烧开的水放凉备用。④将茶巾折叠整齐备用。

（2）赏茶。①将茶荷双手捧起，送至客人面前，请客人欣赏干茶外形、色泽及嗅闻干茶香气。②必要时向客人介绍茶叶的类别、名称及特性。

（3）洁杯。①右手提随手泡，按逆时针方向回转手腕一圈低斟，使水流沿碗口注入；然后提腕高冲；待注水量为碗总容量的 1/3 时复压腕低斟，回转手腕一圈及时断水，然后轻轻将水壶放回原处。②左手托住碗底，端起盖碗右手按逆时针方向转动手腕，双手协调令盖碗内各部位充分接触热水后，放回茶盘。③右手提盖钮将碗盖靠右侧斜盖，在盖碗左侧留一小隙；依前法端起盖碗平移于公道杯上方向左侧翻手腕，水从盖碗左侧小隙流进公道杯中。④将公道杯中的水从左至右一次注入品茗杯中，而后依次将杯中水倒入水盂。

（4）置茶。将茶叶从茶荷依次拨入盖碗内，通常每个盖碗内拨入 3 克干茶。

（5）润茶。①将降了温的水注入碗中没过茶。②盖上碗盖，左手托碗底，右手扶碗身,逆时针方向回旋三圈,使茶叶充分浸润。③浸润时间掌握在 15～50 秒,视茶叶的紧结程度而定。

(6)冲泡。沿盖碗内壁高冲水至茶碗七分满,迅速将碗盖稍加倾斜地盖在茶碗上,使盖沿与碗沿之间有一空隙,避免将碗中的茶叶闷黄泡熟。

(7)奉茶。双手持碗托,将茶奉给宾客,同时行点头礼。

(8)品饮。①闻香:端起盖碗置于左手,左手托碗托,右手三指捏盖钮,逆时针转动手腕让碗盖边沿浸入茶汤,右手顺势揭开碗盖,将碗盖内侧朝向自己,凑近鼻端左右平移细闻茶香。②观色:嗅闻茶香后,用碗盖撇去茶汤表面的浮叶,边撇边观赏汤色,然后将碗盖左低右高斜盖在碗上(盖碗左侧留一小缝)。③尝味:用盖碗品茶男女有别。女士左手托碗托,右手大拇指和中指持盖顶,将盖碗略微倾斜,品饮;男士右手大拇指、中指捏住碗沿下方,食指轻搭盖钮,提起盖碗,手腕向内旋转 90°使虎口朝向自己,从小缝处小口啜饮。男士可免去左手托碗托。

(9)谢客。及时续水,整理茶桌上的茶具,行礼谢客。

第三节　茶叶品鉴与评价方法

茶是一种饮料,其品质的好坏历来被消费者所重视。所谓茶叶的品质,简单地说是指茶叶的"色、香、味、形"四个字。影响茶叶品质的因素很多,例如,在生态环境方面有土壤、气候、海拔、地区、季节等;在技术措施方面有施肥、采摘、初制、精制、贮藏、包装等。这些均影响到茶叶内含的化学成分。茶叶的品质是所有茶叶生产、经营、科研工作者及消费者都十分关心的问题,茶叶的化学特性,即茶叶中所含的化学成分,是决定茶叶品质的物质基础。

一、茶叶色泽的形成

茶叶的色泽分为干茶色泽、茶汤色泽、叶底色泽三个部分。色泽是鲜叶内含物质经过加工而发生不同程度的降解、氧化聚合变化的总反映。茶叶色泽是茶叶命名和分类的重要依据，是分辨品质优次的重要因素，是茶叶的主要品质特征之一。

（1）绿茶。杀青抑制了叶内酶的活性，阻止了内含物质反应，基本保持鲜叶固有的成分。因此形成了绿茶干茶、茶汤、叶底都为绿色的"三绿"特征。其绿色主要由叶绿素决定，即深绿色的叶绿素 a 和黄绿色的叶绿素 b。茶叶中的橙红色主要由茶叶中的多酚类、儿茶素经过氧化聚合形成的茶黄素、茶红素、茶褐素等色素决定。茶黄素为黄色，茶红素为红色，茶褐素呈褐色。

（2）红茶。红茶经过发酵，多酚类充分氧化成茶黄素和茶红素，因此茶汤和叶底都为红色。其中叶底的橙黄明亮主要由茶黄素决定，红亮是由于茶红素较多所致。红茶干茶的乌润是红茶加工过程中叶绿素分解的产物——脱镁叶绿素及果胶质、蛋白质、糖和茶多酚氧化产物附集于茶叶表面，干燥后呈现出来的。

（3）黄茶。黄茶在"闷黄"过程中发生了自动氧化，叶绿素被破坏，多酚类初步氧化成为茶黄素，因此形成了"三黄"的品质特征。

（4）白茶。传统白茶只萎凋而不揉捻，多酚类与酶接触较少，并没有充分氧化。而且白茶原料毫多而嫩，因此干茶和叶底都带银白色，茶汤带杏色。白茶的白色与芙蓉花白素、飞燕草花白素有关。

（5）青茶。青茶经过做青，叶缘遭破坏而发酵，使叶底呈现出绿叶红边的特点，茶汤橙红，干茶色泽青褐。但发酵较轻的茶如包种茶色泽上与绿茶接近。

（6）黑茶。黑茶在渥堆过程中，叶绿素降解，多酚类氧化形成茶黄素、茶红素，以及大量的茶褐素，因此干茶为褐色，茶汤呈红褐色，叶底的青褐色是茶多酚氧化产物与氨基酸结合形成的黑色素所致。

茶叶色泽品质的形成是品种、环境、栽培、制造、加工及贮运等因素综合作用的结果。优良的品种、适宜的生态环境、合理的栽培措施、先进的加工技术、理想的贮运条件是良好色泽形成的必备条件。影响色泽的因素主要有茶树品种、栽培条件、加工技术等。如茶树品种不同，叶子中所含的色素及其他成分也不同，使鲜叶呈现出深绿、黄绿、紫色等不同的颜色。深绿色鲜叶的叶绿素含量较高，如用来制绿茶，则具"三绿"的特点。浅绿色或黄绿色鲜叶，其叶绿素含量较低，适制性广，制红茶、黄茶、青茶，茶叶色泽均好。另外，栽培条件的不同，如茶区纬度、海拔、季节,以及阴坡、阳坡的地势、地形不同,所受的光照条件也不同,导致鲜叶中色素的形成也不相同。土壤肥沃,有机质含量高,叶片肥厚,正常芽叶多,叶质柔软,持嫩性好,制成干茶色泽一致、油润。不同制茶工艺,可制出红、绿、青、黑、黄、白等不同的茶类,表明茶叶色泽形成与制茶关系密切。在鲜叶符合各类茶要求的前提下,制茶技术是形成茶叶色泽的关键。

二、 茶叶香气的形成

茶叶具有独特的茶香,茶香是内含香气成分比例与种类的综合反映。茶叶的香气虽然有 600 多种,但鲜叶原料中的香气成分并不多,因此,成品茶所呈现的香气特征大多是茶叶在加工过程中由其内含物发生反应而来。各类茶叶有各自的香气特点,是由于品种、栽培条件和鲜叶嫩度不同,经过不同制茶工艺,形成了各种香型不同的茶叶。

在茶鲜叶香气成分中,以醇类化合物最为突出。其中一部分属于低碳脂肪族化合物,具有青草气和青臭气;另一部分属于芳香类化合物,具有花香和水果香。鲜叶经过加工,叶片内发生了一系列生化反应,具有青草气等的低沸点物质挥发,高沸点的芳香物质生成,最终形成茶叶的香气品质。已知的茶叶香气成分有 600 种之多,各类香气成分之间的平衡和各种成分相对比例的不同便形成了各种茶叶的香气特征。

如炒青绿茶,杀青时间较长,具有青草气的低沸点化合物大量挥发,高沸点香气成分如香叶醇、苯甲醇、苯乙醇等得到大量显露或转化,并达到一定的含量。高温下糖类与氨基酸反应形成具有焦糖香的吡嗪、吡咯、糠醛等物质。所以高级绿茶的香气成分中,醇类、吡嗪类较多,具有醇类的清香和花香以及吡嗪类的烘炒香。而祁门红茶以蔷薇花香和浓厚的木香为特征,斯里兰卡红茶以清爽的铃兰花香和甜润浓厚的茉莉花香为特征。原因是,祁门红茶的香叶醇、苯甲醇、2-苯乙醇等含量丰富,而斯里兰卡红茶的芳樟醇、茉莉内酯、茉莉酮酸甲酯的含量丰富。所以,红茶的香气成分中,醇类、醛类、酮类、酯类含量较高,尤其是氧化、酯化后的醛类、酮类、酯类的生成量较大。

乌龙茶的香型以花香特殊为特点。福建乌龙茶的香气成分主要为橙花叔醇、茉莉内酯和吲哚;而台湾地区乌龙茶的香气成分主要为萜烯醇、水杨酸甲酯、苯甲醇、2-苯乙醇等。

另外,茶叶香气组成复杂,香气形成受许多因素的影响,不同茶类、不同产地的茶叶均具有各自独特的香气。如红茶香气常用"馥郁""鲜甜"来描述,而绿茶香气常用"鲜嫩""清香"来表达,不同产地茶叶所具有的独特香气常用"地域香"来形容,如祁门红茶的"祁门香"等。总之,任何一种特有的香气都是该茶所含芳香物质的综合表现,是品种、栽培技术、采摘质量、加工工艺及贮藏等因素综合影响的结果。

三、 茶叶滋味的形成

茶叶具有的饮用价值,主要体现为溶解于茶汤中对人体有益物质含量的多少,以及呈味物质组成配比是否符合消费者的要求。因此,茶汤滋味是茶叶品质的主要方面。茶叶呈味物质的种类、含量和比例不同,形成了不同的滋味。茶叶中的呈味物质主要有以下几类。

(1)刺激性涩味物质,主要是多酚类。鲜叶中的多酚类含量占干物质的30%左右。其中儿茶素类物质占比最高。儿茶素中,酯型儿茶素含量占80%左右,具有较强的苦涩味,收敛性强;非酯型儿茶素含量不多,稍有涩味,收敛性弱,喝茶后有爽口的回味。黄酮类有苦涩味,自动氧化后涩味减弱。

(2)苦味物质,主要是咖啡碱、花青素、茶皂素、儿茶素和黄酮类。

(3)鲜爽味物质,主要是游离态的氨基酸类、茶黄素以及氨基酸、儿茶素、咖啡碱形成的络合物,茶汤中还存在可溶性的肽类和微量的核苷酸、琥珀酸等鲜味成分。氨基酸类中的茶氨酸具有鲜甜味,谷氨酸、天门冬氨酸具有酸鲜味。

(4)甜味物质,主要是可溶性糖类和部分氨基酸,如果糖、葡萄糖、甘氨酸等。糖类中的可溶性果胶具有黏稠性,可以增加茶汤的浓度和厚感,使滋味甘醇。甜味物质能在一定程度上削弱苦涩味。

(5)酸味物质,主要是部分氨基酸、有机酸、抗坏血酸、没食子酸、茶黄素和茶黄酸等。酸味物质是调节茶汤风味的要素之一。

以上不同类型的呈味物质在茶汤中的比例构成了茶汤滋味的类型。茶汤滋味的类型主要有浓烈型、浓强型、浓醇型、醇厚型、醇和型和平和型等。影响滋味的因素主要有品种、栽培条件和鲜叶质量等。茶树品种的一些特征往往与物质代谢有着密切的关系,因而也就导致不同品种在内含成分上的差异。栽培条件及管理措施合理与否直接影响茶树生长、鲜叶质量及内含物质的形成和积累,从而影响茶叶滋味品质的形成。如茶树在不同季节,其鲜叶内含成分含量差异很大,制茶后滋味品质也明显不同。一般春茶滋味醇厚、鲜爽,尤其是早期春茶。

另外,鲜叶原料的老嫩度不同,内含呈味物质的含量也不同。一般嫩度高的鲜叶内含物丰富,如多酚类、蛋白质、水浸出物、氨基酸、咖啡碱和水溶性果胶等的含量较高,且各种成分的比例协调,茶叶滋味较浓厚,回味好。

不同的茶叶滋味要求不同,一般小叶种绿茶滋味要求浓淡适中,南方的红茶、绿茶要求滋味浓强鲜爽,青茶滋味要求醇厚,白茶要求滋味清淡,黄茶滋味要求清甜,黑茶滋味要求醇和。

四、 茶叶形状的形成

（一）茶叶形状类型及其形成特色

1. 茶叶形状类型

茶叶形状是组成茶叶品质的重要项目之一,也是区分茶叶品种的主要依据。茶叶形状包括干茶形状和叶底形状。

（1）干茶形状类型:各种干茶的形状,根据茶树品种和采制技术的不同,可分为条形、圆珠形、扁形、针形等。

（2）叶底形状类型:叶底即冲泡后的茶渣。茶叶在冲泡时吸收水分膨胀到鲜叶时的大小,比较直观,通过叶底可分辨茶叶的真假,还可分辨茶树品种、栽培情况,并能观察到采制中的一些问题。再结合其他品质项目,可较全面地综合分析品质特点及影响因素。

2. 茶叶形状的形成特色

干茶形状和叶底形状的形成及优劣与制茶技术的关系极为密切。制法不同，茶叶形状各式各样，而同一类形状的茶也会因加工技术好坏而使其形状品质差异很大。例如，以下几种茶叶形状的形成各有不同的特色。

（1）条形茶。先经杀青或萎凋，使叶子散失部分水分，后经揉捻成条，再经解块、理条，最后烘干或炒干。

（2）圆珠形茶。经杀青、揉捻和初干使茶叶基本成条后，在斜锅中炒制，在相互挤压、推挤等力的作用下逐步做形，先炒三青做成虾形，接着做对锅使茶叶成圆茶坯，最后做大锅成为颗粒紧结的圆珠形。

（3）扁形茶。经杀青或揉捻后，采用压扁的手法使茶叶成为扁形。

（4）针形茶。经杀青后在平底锅或平底烘盒上搓揉紧条，搓揉时双手的手指并拢平直，使茶条从双手两侧平平落入平底锅或烘盒中，边搓条，边理直，边干燥，使茶条圆浑光滑挺直似针。

总之，不同的制法将形成不同的形状，有的干茶形状和叶底形状属同一类型，有的干茶形状属同一类型而叶底形状有很大的差别。如白牡丹、小兰花干茶形状都属花朵形，它们的叶底也都属花朵形；而珠茶、贡熙干茶同属圆珠形，但珠茶叶底芽叶完整成朵属花朵形，而贡熙叶底属半叶形。

（二）影响形状的因素

茶叶形状不同，主要是制茶工艺造成的。但是，影响形状尤其是干茶形状的因素还有很多，如茶树品种、采摘标准等，虽然它们不是形状形成的决定性因素，但对形状的优美和品质的形成都很重要，个别因素在某种程度上也起着支配性的作用。

茶树品种不同，鲜叶的形状、叶质的软硬、叶片的厚薄及茸毛的多少有明显的差别，鲜叶的内含成分也不尽相同。一般鲜叶质地好，内含有效成分多的鲜叶原料，有利于制茶技术的发挥，有利于做形，尤其是以品种命名的茶叶，一定要用该品种鲜叶制作，才能形成其独有的形状特征。而栽培条件也直接影响茶树生长、叶片大小、质地软硬及内含的化学成分。鲜叶的质地及化学成分与茶叶形状品质有密切的关系。采摘嫩度直接决定了茶叶的老嫩，从而对茶叶的形状品质产生深刻的影响。嫩度高的鲜叶，由于其内含可溶性成分丰富，汁水多，水溶性果胶物质的含量高，纤维素含量低，使叶子的黏稠性增加、黏合力增大，有利于做形，如加工成条形茶则条索紧结、重实、有锋苗，加工成珠茶则颗粒细圆紧结、重实。

五、 茶叶品质评定的方法

（一）茶叶品质的外形审评

通过茶叶外形包括嫩度、形状、色泽、整碎、净度等几个方面去辨别品质的好坏。外形审评有两种方法：一是筛选法，把 150～200 克茶叶放在样盘中，双手筛旋，使茶叶分层，粗大的浮在上面，中等的在中层，细碎的在下面，再用右手抓取一大把茶看其条索及整碎程度；另一种是直观法，把茶样倒入样盘后，再将茶样徐徐倒入另一只空盘中，这样来回倾倒 2～3 次，使上下层茶充分拌和，即可审评外形。直观法使茶样充分拌和能代表茶样的原始状态，不受筛选法易出现的种种干扰而产生误差，故能较正确而迅速地评定外形。而实际应用时，通常是结合以上两种方法进行评定。

（二）茶叶品质的内质评定

茶叶的内质评定过程是：将准确称取（按茶水比取好）的茶样置于审评杯中，冲入沸水加盖并准确计时，至冲泡时间后，及时将茶汤沥出，然后按次序看汤色、闻香气、尝滋味、评叶底。对茶叶的内在品质进行综合评价，这一方法是目前国际上对茶叶质量等级评定最通用的方法。

1. 看汤色

汤色即茶汤的颜色，是茶叶生化成分溶解于沸水中而反映出来的色泽。审评时看汤色要及时，因为茶汤中的成分容易氧化导致汤色变化，因此，通常把看汤色放在闻香气之前。

审评汤色时主要看茶汤的色度（颜色的色调和饱和度）、亮度和清浊度。

绿茶汤色品质描述由好到差的术语包括嫩绿明亮、黄绿明亮、绿明、绿欠亮、绿暗、黄暗等。

红茶汤色品质描述由好到差的术语包括红艳、红亮、红明、红暗、红浊等。

2. 闻香气

香气是茶叶冲泡后随水蒸气挥发出来的气味，是评价茶叶品质好坏的重要指标之一。评茶时对香气的感觉,是由鼻腔上部的嗅觉感受器接受茶香的刺激而发生的。采用盖碗法或审评杯冲泡法评定茶叶内质时,可以在倒出茶汤后,一手拿茶杯(碗),一手半揭开盖,靠近杯沿(碗边)用鼻子深嗅或轻嗅,嗅1～2次,每次2～3秒。一般香气辨别分热嗅、温嗅和冷嗅。热嗅主要辨别香气是否正常(如有无杂味)、香气的类型和香气的高低。温嗅是指待茶叶温热(55 ℃左右)时闻嗅,辨别香气的优次。冷嗅是指在茶叶凉后再进行闻嗅,辨别香气的持久性。审评香气除了辨别香型外,主要比较香气的纯异(有无异味、杂味)、高低(香气浓度)、长短(香气持久程度)。

香气品质好坏可采用香气术语来描述,如茶叶香气从高到低可用如下描述:高鲜持久、高、尚高、纯正、平和、低、粗。

由于鲜叶的品种、生长环境和加工方法的区别,茶叶香气的种类千变万化。如下列出的是常见的茶叶香气类型。

清高:清香高爽,久留鼻间,为较嫩、新鲜、做工好的茶叶具有的香气。

清香:香气清纯柔和,香虽不高,令人有愉快感,是自然环境较好、品质中等茶所具有的香气。与此相似的有清正、清纯、清鲜略高一点。

果香:似水果香型,如蜜桃香(白毫乌龙)、雪梨香、佛手香、橘子香、桂圆香、苹果香等。

嫩香:芽叶细嫩、做工好的茶叶所具有的香气,与此相似的有鲜嫩。

栗香:似熟板栗的甜香,多见于制作中火功恰到好处的名优绿茶。

毫香:茸毛多的茶叶所具有的香气,特别是白茶。

甜香:工夫红茶所具有的香气,如甜枣香等。

花香:自然环境好、细嫩、做工好的茶叶所具有的香气,如兰花香、玫瑰香、杏仁香等。

火香:如炒米香、高火香、老火香、锅巴香等。

陈香:压制茶、黑茶所具有的香气。

松烟香:小种红茶、黑毛茶、六堡茶所具有的香气。

另有低档茶的粗气、青气、浊气、闷气等。

3. 尝滋味

滋味是品尝者对茶汤的味觉感受。人的味觉能感觉辨别的茶汤味道,包括汤质的各种味道与纯异、浓淡等。舌的不同部位对滋味的感觉并不相同,舌面中部对滋味的鲜爽度判断最敏感;舌根对苦味最敏感;舌尖、舌边对甜味最敏感;舌底对酸味最敏感。审评滋味时,要根据舌的生理特点,充分发挥其长处。

辨别滋味的最佳汤温在 50 ℃ 左右,过高则易烫伤味觉器官,低于 40 ℃ 则显迟钝,涩味加重,浓度提高。每次用茶匙取茶汤 4～5 毫升,将茶汤吮入口中,让茶汤在舌头上循环滚动,以便辨别滋味。感受滋味时,既要包括舌处的味道,又要包括从喉咙处扩散至嗅觉器官的香气和来自鼻腔的香气的混合知觉。然后,根据感觉对茶汤进行描述、排序或打分。审评滋味时的茶汤不宜下咽,在尝第二碗时,汤匙应该用白开水洗净。对滋味较浓的茶,尝味 2～3 次后,需用温开水漱口,再尝其他茶汤,以免味觉受影响,达不到评味的目的。

描述滋味品质从高档茶到低档茶的基本术语包括浓烈、浓厚、浓醇、醇厚、醇和、纯正、粗涩、粗淡等。

4. 评叶底

叶底是指冲泡后过滤出茶汤的茶渣。审评叶底时可将茶渣倒在叶底盘上,用手触摸来感受叶底的软硬、厚薄等,再看芽头和嫩叶含量及叶片的色泽、均匀度等。一般好的茶叶叶底,嫩芽叶含量高,质地柔软,色泽明亮,叶底均匀一致,叶形均匀一致,叶片肥厚。主要评叶底的老嫩、整碎、色泽与匀杂。

拓展阅读 ◆

宋代斗茶活动

所谓斗茶,又名茗战、点试、点茶,实际上就是点茶比赛,此法源于唐,盛于宋。斗茶是以竞赛的形式品评茶叶品质及冲点、品饮技术高低的一种风俗,具有技巧性强、趣味性浓的特点。宋代斗茶对于用料、器具、烹试方法及优劣评定都有严格的要求,其中"点汤"与"击拂"的好坏是评价斗茶技巧高低优劣的主要指标。

宋人在斗茶过程中评判点茶效果,一是看茶面汤花的色泽和均匀程度,二是看盏的内沿与茶汤相接处有没有水的痕迹。汤花面上要求色泽鲜白,民间把这种汤色叫作"冷粥面",意思是汤花像白米粥冷却后稍有凝结时的形状。汤花要均匀,叫作"粥面粟纹",就是像粟米粒一样细碎均匀。汤花保持的时间较长,能紧贴盏沿而不散退的,叫作"咬盏"。散退较快的,或随点随散的,叫作"云脚涣乱"。汤花散退后,盏的内沿就会出现水的痕迹,宋人称之为"水脚"。汤花散退早,先出现水痕的斗茶者,便是输家。《大观茶论》里如此描述汤色:"点茶之色,以纯白为上真,青白为次,灰白次之,黄白又次之。"《茶录》中写道:"汤上盏,可四分则止,视其面色鲜白,着盏无水痕为绝佳。建安斗试,以水痕先退者为负,耐久者为胜,故校胜负之说,曰相去一水两水。"

宋代斗茶之风不仅盛行于制茶界,更是延伸到了皇室贵族、文人雅士及平民百姓的日常生活之中。宋徽宗赵佶嗜茶,其所著的《大观茶论》中点茶一篇对斗茶中点茶的步骤、评判标准以及点茶前的备水备器都进行了详细的论述。《延福宫曲宴记》记载:"宣和二年十二月癸巳,召宰执、亲王、学士曲宴于延福宫,命近侍取茶具,亲手注汤击拂,少顷,白乳浮盏面,如疏星淡月,顾诸臣曰:'此自烹茶。'饮毕,皆顿首谢。"宋代的达官贵人及文人如苏轼、欧阳修、蔡襄、陆游等也热衷于斗茶,与斗茶相关的茶诗、茶画及茶文传世颇多,这些诗词画作进一步提升了斗茶的文化内涵及影响力。其中较为出名的茶诗、茶文有范仲淹的《和章岷从事斗茶歌》、蔡襄的《茶录》、黄儒的《品茶要录》等。刘松年的《斗茶图》生动地再现了当时民间的斗茶之风,在街头巷尾人们担着茶具就地斗茶。

宋代茶人斗茶所使用的器具,以黑釉瓷为最佳,这与斗茶以茶汤鲜白为佳有很大关系。《方舆胜览》记载:"茶色白,入黑盏,其痕易验"。黑釉瓷中最为出名的莫过于建窑的兔毫盏。斗茶对茶盏的形状也有一定要求,《大观茶论》中提到,盏底一定要稍深,面积稍宽,深则茶宜立,宽则运用茶筅自如。茶盏大小也要与茶量相配合。盏高茶少会掩蔽茶色,茶多盏小无法把茶泡透。

宋代点茶用茶亦用饼茶。《归田录》记载:"茶之品,莫贵于龙凤,谓之团茶,凡八饼重一斤。庆历中,蔡君谟始造小片龙茶以进,其品精绝,谓之小团,凡二十饼重一斤,其价值金二两。然金可有,而茶不可得……中书、枢密院各赐一饼,四人分之。官人往往镂金花于其上,盖其贵重如此。"宋代的龙团有大小之分,大龙团由丁谓所创,他曾任福建漕运使,督造贡茶。小龙团则由蔡襄所创,他也在福建督造贡茶,在大龙团基础上改进成小龙团。大龙团八只一斤,小龙团二十只一斤,因制饼模具中有龙凤图纹而得名。与唐朝的饼茶一样,宋代的龙凤团茶,也需炙烤加工后使用。

(资料来源:根据网络资料整理而成)

第五章

茶与健康

　　茶叶，被西方称为"神奇的东方树叶"，为何神奇？其原因就在于这样一片小小的鲜叶，水分约占 75%，干物质约占 25%，而这约占 25% 的干物质当中，迄今为止分离、鉴定出的已知化合物达 700 多种。

第一节　茶的主要成分

茶叶中的内含物质非常丰富，其中包括维持生命所必需的营养元素，如蛋白质、糖类、脂肪酸、维生素、叶绿素、胡萝卜素以及各种矿物质元素。还有可调节人体生理活动，恢复、维持、增进健康机能，强化免疫力、抑制衰老、预防疾病、恢复健康、调节体内生物节奏的生物活性成分，包括茶多酚、茶氨酸、生物碱、芳香物质、茶色素等。

一、茶叶中的多酚类物质

（一）茶鲜叶中的多酚类物质

茶树新梢和其他器官都含有多种不同的多酚类及其衍生物（以下简称多酚类）。茶叶中这类物质又称茶单宁或茶鞣质。茶鲜叶中多酚类的含量一般为18％～35％（干重）。其与茶树的生长发育、新陈代谢和茶叶品质关系非常密切，对人体也具有重要的生理活性，因而受到人们的广泛重视。

135

茶多酚类是一类存在于茶树中的多元酚的混合物。茶树新梢中所发现的多酚类分属于儿茶素(黄烷醇类),黄酮、黄酮醇类,花青素、花白素类,酚酸及缩酚酸等。其中最重要的是以儿茶素为主体的黄烷醇类,其含量占多酚类总量的70%～80%,是茶树次生代谢产物的重要成分,也是茶叶保健功能的首要成分,对茶叶的色、香、味品质的形成有重要作用。茶叶中儿茶素以表儿茶素(EC)、表没食子儿茶素(EGC)、表儿茶素没食子酸酯(ECG)、表没食子儿茶素没食子酸酯(EGCG)四种含量最高,前两者称为非酯型儿茶素或简单儿茶素,后两者称为酯型儿茶素或复杂儿茶素。一般酯型儿茶素的适量减少有利于绿茶滋味的醇和爽口。由于儿茶素易被氧化的特性,在红茶或乌龙茶制造过程中,儿茶素类易被氧化缩合形成茶黄素类,茶黄素类可进一步转化为茶红素类,再由茶黄素类和茶红素类进一步氧化聚合,则可形成茶褐素类物质。这三种多酚类氧化产物的含量和所占的比例对红茶或乌龙茶的品质形成至关重要。

(二)茶叶加工过程中形成的色素

色素是存在于茶树鲜叶和成品茶中的有色物质,是形成干茶色泽、汤色及叶底色泽的成分,其含量及变化对茶叶品质起着至关重要的作用。在茶叶色素中,有的是鲜叶中已存在的,称为茶叶中的天然色素;有的则是在加工过程中,一些物质经氧化缩合而形成的。茶叶色素通常分为脂溶性色素和水溶性色素两类,脂溶性色素主要对干茶色泽及叶底色泽起作用,而水溶性色素主要是对汤色有影响。

1. 茶黄素

茶黄素对红茶的色、香、味及品质起着决定性的作用,是红茶汤色"亮"的主要成分,以及滋味强度和鲜度的重要成分,同时也是形成茶汤"金圈"的主要物质。能与咖啡碱、茶红素等形成络合物,温度较低时显出乳凝现象,是茶汤"冷后浑"的重要因素之一。并且其含量的高低直接决定红茶滋味的鲜爽度,与低亮度也呈高度正相关。

2. 茶红素

茶红素是一类复杂的红褐色的酚性化合物。它既包括儿茶素酶促氧化聚合反应产物,也包括儿茶素氧化产物与多糖、蛋白质、核酸和原花色素等产生非酶促反应的产物。

茶红素是红茶氧化产物中最多的一类物质,含量为红茶的 $6\%\sim15\%$(干重),该物为棕红色,能溶于水,水溶液呈酸性,深红色,刺激性较弱,是构成红茶汤色的主体物质,对茶汤滋味与汤色浓度起到重要作用,参与"冷后浑"的形成。此外,还能与碱性蛋白反应沉淀于叶底,从而影响红茶叶底色泽。通常认为茶红素含量过高有损红茶品质,使滋味淡薄、汤色变暗;而含量太低,则茶汤红浓不够。

3. 茶褐素

茶褐素是一类水溶性、非透析性高聚合的褐色物质。其主要组分是多糖、蛋白质、核酸和多酚类物质,由茶黄素和茶红素进一步氧化聚合而成,化学结构及其组成有待探明。深褐色,溶于水,其含量一般为红茶中干物质的 $4\%\sim9\%$。是造成红茶茶汤发暗、无收敛性的重要因素。

二、 蛋白质和氨基酸

蛋白质是生物体细胞和组织的基本成分,是各种生命活动中起关键作用的物质,且在遗传信息的控制、高等动物的记忆和识别等方面具有十分重要的作用。可以说没有蛋白质就没有生命。

茶叶中的蛋白质含量非常丰富,占茶叶干重的 $20\%\sim30\%$,与茶树的新陈代谢、生长发育及茶叶自然品质的形成密切相关。同时,蛋白质的含量与原料的老嫩度、成品茶品质的优劣也有关系。而组成人体蛋白质的 20 种氨基酸中,赖氨酸、亮氨酸、异亮氨酸、蛋氨酸、苏氨酸、缬氨酸、色氨酸和苯丙氨酸这 8 种氨基酸是人体自身不能合成或合成速度远不能满足机体需要的,必须从食物中获得,为人体必需的氨基酸,在茶叶中均含有。

茶叶中的氨基酸不仅是组成蛋白质的基本单位,也是活性肽、酶及其他一些生物活性物质的重要组成部分。除组成人体蛋白质的 20 种氨基酸外,茶叶中还有 6 种非蛋白质氨基酸,其中茶氨酸含量非常高,占氨基酸总量的 50% 以上。氨基酸尤其茶氨酸是形成茶叶香气和鲜爽度的重要成分,与绿茶香气的形成关系极为密切。茶氨酸对人体还具有以下功能。

(1)可以显著提高人体免疫力,抵御病毒的入侵,所以多喝茶可预防感冒。

(2)具有抗疲劳效果,可以起到延缓运动性疲劳的作用。

（3）具有神经保护作用，使之免受帕金森病相关神经毒素的伤害，临床上可以预防该疾病，也有助于脑健康，可以增强记忆力。

（4）具有镇静作用，可抗焦虑、忧郁，具有精神放松的功效。所以也有人把茶氨酸称作"21世纪新的天然镇静剂"。

（5）能改善女性经期综合征，增强肝脏排毒功能，减轻酒精引起的肝损伤等。

三、糖类

糖类，也称碳水化合物，是自然界中广泛分布的一类重要的有机化合物，在生命活动过程中起着重要作用，是一切生命体维持生命活动所需能量的主要来源。

茶叶中的糖类含量为20％～25％，泡茶时能被沸水冲泡溶出的糖类占2％～4％。因此，茶叶有低热量饮料之称，适合糖尿病和其他忌糖患者饮用。茶叶中的糖类主要有单糖、双糖和多糖，它们是构成茶叶可溶性糖的主要成分，具有甜味，是茶叶滋味物质之一。茶多糖还具有降血压、减缓心率、抗凝血、抗血栓、降血脂、降血压、降血糖、改善造血功能、帮助肝脏再生等功能。

四、维生素类

维生素是维持人体正常生理功能所必需的营养素。这类物质在人体内的含量很少，不能为人体提供能量，也不是构成机体组织和细胞的成分，但其在人体生长、代谢、发育过程中发挥着重要作用，人体一旦缺乏维生素就会出现维生素缺乏症。

茶叶中含有多种维生素，其含量占干物质总量的0.6％～1％，目前已知的20多种维生素中，茶叶中被证实的就有10多种。根据其溶解性不同，可分为水溶性维生素和脂溶性维生素两大类。其中，水溶性维生素主要有维生素C和维生素B族，可以通过饮茶直接被人体吸收利用；脂溶性维生素主要有维生素A、维生素E等。

（一）维生素C

维生素C，又名抗坏血酸，带有明显的酸味，具有很高的抗氧化能力，有防癌、抗衰老等功能；能促进胶原蛋白的生物合成，有利于组织伤口的愈合；能增强机体对外界环境的抗应激能力和免疫力，预防感冒；能促进机体对铁和叶酸的吸收，预防贫血；能改善钙的吸收利用，促进牙齿和骨骼的生长；能抑制肌肤上色素的沉积，有预防色斑生成等美容效果；可以改善脂肪和胆固醇的代谢，预防心血管疾病等。

（二）维生素 B 族

维生素 B 族包括维生素 B1、B2、B3、B5、B11 等。

（1）维生素 B1 又称硫胺素，能维持神经、心脏和消化系统的正常功能。

（2）维生素 B2 又称核黄素，是机体组织代谢和修复的必需营养素，可以增进皮肤的弹性和维持视网膜的正常功能。

（3）维生素 B3 又称烟酸，其含量是维生素 B 族中最高的，约占维生素 B 族中含量的一半，可影响造血过程，促进铁吸收和血细胞的生成，维持皮肤的正常功能和消化腺的分泌，预防糙皮病等皮肤疾病。

（4）维生素 B5 又称泛酸，是大脑和神经必需的营养物质，在茶叶中的含量比杂粮、瓜果、蔬菜等食物还多，可加强脂肪代谢，帮助细胞形成，维持人体正常发育和中枢神经系统的发育等。

（5）维生素 B11 又称叶酸，是人体新陈代谢必不可少的稀有维生素，能预防胎儿先天性畸形。

（三）维生素 A

天然的维生素 A 多由鱼肝油提取，植物组织中尚未发现维生素 A，但植物中存在一些维生素 A 原，如类胡萝卜素，其在人体内能形成维生素 A。茶叶中含有丰富的类胡萝卜素，比胡萝卜中的含量还要高。它能促进骨骼生长，维持人体正常发育；增强对传染病的抵抗力；维持上皮细胞正常机能，防止其角化；有抗氧化作用，可防止脂质过氧化，延缓衰老；同时还是维持正常视觉功能所不可缺少的物质，有"明目"的作用，可预防夜盲症。

（四）维生素 E

维生素 E 是有名的抗氧化剂，具有防衰老和美容的作用。同时它也称生育酚,能提高生育能力,促进生殖。另外还能增强机体免疫功能,维持中枢神经和血管系统的完整,有抗动脉粥样硬化、抗癌等功能。

五、 茶叶中的矿物质

茶叶能提供人体组织正常运转所需的矿物质元素。维持人体的正常功能需要多种矿物质。人体每天所需量在100毫克以上的矿物质元素被称为常量元素,每天所需量在100毫克以下的矿物质元素为微量元素。到目前为止,已被确认与人体健康和生命有关的必需常量元素有钠、钾、氯、钙、磷和镁;微量元素有铁、锌、铜、碘、硒、铬、钴、锰、镍、氟、钼、钒、锡、硅、锶、硼、铷、砷等。人缺少了这些必需元素,就会出现疾病,甚至危及生命。茶叶中有近30种矿物质元素,与其他食物相比,饮茶对钾、镁、锰、锌、氟等元素的摄入极有意义。

茶叶中钾的含量居矿物质元素含量的第一位,喝茶可以及时补充钾的流失;茶叶中锌的含量高于鸡蛋和猪肉中锌的含量,锌在茶汤中的溶出率较高,容易被人体吸收,所以茶叶被列为锌的优质营养源;茶叶中氟的含量比一般植物高十倍至几百倍,喝茶是摄取氟离子的有效途径之一;硒主要为有机硒,容易被人体吸收,且在茶汤中的溶出率较高,在缺硒地区普及饮用富硒茶是解决硒缺乏问题的极佳方法;茶叶是高锰植物,喝茶是补充锰元素的较好方法。

饮茶也是磷、镁、铜、镍、铬、钼、锡、钒的补充来源。茶叶中钙的含量是水果、蔬菜的10~20倍,铁的含量是水果、蔬菜的30~50倍。但钙、铁在茶汤中的溶出率极低,无法满足人体的日需量。饮茶不能作为人体补充钙、铁的主要途径,可以通过食茶来补充。

六、 茶皂苷

皂苷是一类结构比较复杂的糖苷类化合物,由糖链与三萜类、甾体或甾体生物碱通过碳氧键相连而构成。茶皂苷又名茶皂素,是一类齐墩果烷型五环三萜皂苷的混合物,基本结构由皂苷元、糖体、有机酸三部分组成。

皂苷化合物的水溶液会产生肥皂泡似的泡沫。许多药用植物都含有皂苷化合物,如人参、柴胡、云南白药、桔梗等。这些植物中的皂苷化合物具有保健功能,包括提高免疫功能、抗癌、降血糖、抗氧化、抗菌、消炎等。茶皂苷是一种性能良好的天然表面活性剂,能够用来制造乳化剂、洗洁剂、发泡剂等。茶皂苷与许多药用植物的皂苷化合物一样,具有许多生理活性,可以降血糖、降血脂、抗辐射、增强免疫力、抗凝血及抗血栓、清除羟基自由基等;另外,茶多糖还具有抗肿瘤、抗病毒、耐缺氧及增加冠状动脉血流量等多种生物学功能。

七、 茶叶中的生物碱

茶叶中的生物碱,主要是咖啡碱、可可碱以及少量的茶叶碱,三种都是黄嘌呤衍生物。

(一) 咖啡碱

茶叶中咖啡碱的含量一般占 $2\%\sim4\%$,但随茶树的生长条件及品种来源的不同会有所不同。遮光条件下栽培茶树的咖啡碱的含量较高。咖啡碱也是茶叶重要的滋味物质,其与茶黄素以氢键缔合后形成的复合物具有鲜爽味。因此,茶叶咖啡碱含量常被看作是影响茶叶质量的一个重要因素。

此外,咖啡碱在老嫩茶叶之间的含量差异也很大,细嫩茶叶比粗老茶叶含量高,夏茶比春茶含量高。一般植物中含咖啡碱的并不多,故咖啡碱属于茶叶的特征性物质。

(二) 茶叶碱与可可碱

茶叶碱、可可碱的药理功能与咖啡碱相似,如具有兴奋、利尿及扩张心血管、冠状动脉等作用。但是其各自在功能上又有不同的特点。茶叶碱有较强的舒张支气管平滑肌的作用,有很好的平喘作用,可用于支气管哮喘的治疗。茶叶碱在治疗心力衰竭、白血病、肝硬化、帕金森病等方面有一定的作用。

八、 茶叶中的芳香物质

茶叶中的芳香物质也称挥发性香气组分,是茶叶中易挥发性物质的总称。茶叶香气是决定茶叶品质的重要因素之一。所谓茶香,实际上是不同芳香物质以不同浓度组合,并对嗅觉神经综合作用所形成的茶叶特有的香型。茶叶芳香物质实际上是由性质不同、含量悬殊的众多物质组成的混合物。迄今为止,已分离鉴定出的茶叶芳香物质约有 700 种,但其主要成分仅为数十种,如香叶醇、顺式-3-己烯醇、芳樟醇及其氧化物、苯甲醇等。它们有的是红茶、绿茶共有的,有的是各自分别独具的;有的是在鲜叶生长过程中合成的,有的则是在茶叶加工过程中形成的。

一般而言,在茶鲜叶中,含有的香气物质种类较少,有 80 余种,成品绿茶中有 260 余种,成品红茶中有 400 多种。茶叶香气因茶树品种、鲜叶老嫩、不同季节、地形地势及加工工艺,特别是酶促氧化的深度和广度、温度高低、炒制时间长短等条件的不同,而在组成和比例上发生变化,也正是这些变化形成了各茶类独特的香型。

茶叶芳香物质的组成包括碳氢化合物、醇类、醛类、酮类、酯类与内酯类、含氮化合物、酸类、酚类、含硫化合物等。

茶叶香气在茶中的绝对含量很少,一般只占干物质质量的 0.02%,成品绿茶占 0.05%～0.02%,成品红茶占 0.01%～0.03%,鲜叶占 0.03%～0.05%。但当采用一定方法提取茶中香气成分后,茶便会无茶味,故茶叶中的芳香物质对茶叶品质的形成具有重要作用。

第二节　茶的保健功效

中国自古就有不少关于茶叶具有保健功效的文字记载:《本草拾遗》称:"茗味苦……益意思,令人少卧,能轻身、明目、去痰、消渴、利水道。"《神农食经》中说:"茶茗久服,令人有力、悦志。"《广雅》称:"荆巴间采叶作饼……其饮醒酒,令人不眠。"《茶经》中说:"茶之为用,味至寒,为饮,最宜精行俭德之人。若热渴、凝闷、脑疼、目涩、四肢烦、百节不舒,聊四五啜,与醍醐、甘露抗衡也。"《饮膳正要》记载:"凡诸茶,味甘、苦,微寒,无毒。去痰热,止渴,利小便,消食下气,清神少睡。"《本草纲目》记载:"茶苦而寒……又兼解酒食之毒,使人神思闿爽,不昏不睡,此茶之功也。"

现代科学研究表明,已知茶对人体有 60 多种保健作用,对数十种疾病有防治效果。茶之所以有这么多的保健功效,主要是因其内含物的保健和药效功能。

茶叶又是天然的绿色产品,因此被称为保健美容的绿色饮料。现将茶叶的保健功效做如下介绍。

一、 降血脂

茶多酚类化合物不仅具有明显的抑制血浆和肝脏中胆固醇含量上升的作用,而且具有促进脂类化合物从粪便中排出的效果。维生素 C 具有促进胆固醇排出的作用。绿茶中含有的叶绿素有降低血液中胆固醇的作用。茶多糖能通过调节血液中的胆固醇及脂肪的浓度,起到预防高血脂、动脉硬化的作用。

二、 防治动脉硬化

(1)茶叶中的多酚类物质(特别是儿茶素)可以防止血液中及肝脏中甾醇及其他烯醇类和中性脂肪的积累,不但可以防治动脉硬化,还可以防治肝硬化。

(2)茶叶中的甾醇如菠菜甾醇等,可以调节脂肪代谢,可以降低血液中的胆固醇。甾醇类化合物竞争性抑制脂酶对胆固醇的作用,因而使机体减少对胆固醇的吸收,防治动脉粥样硬化。

(3)茶叶中的维生素 C、维生素 B1、维生素 B2、维生素 B3 也都有降低胆固醇、防治动脉粥样硬化的作用。其他各种维生素都与机体内的氧化、还原物质代谢有关。

（4）茶叶中还含有卵磷脂、胆碱、泛酸，具有防治动脉粥样硬化的作用。在卵磷脂运转率降低时，会引起胆固醇沉积以至动脉粥样硬化。

三、 防治冠心病

茶多酚的作用极为重要，它能改善微血管壁的渗透性能，能有效地增强心肌和血管壁的弹性和抵抗能力，还可降低血液中的中性脂肪和胆固醇。维生素 C 和维生素 B3 具有改善微血管功能和促进胆固醇排出的作用。咖啡因和茶碱，则可直接兴奋心脏，扩张冠状动脉，使血液充分地输入心脏，提高心脏本身的功能。

四、 降血压

饮茶不仅能减肥、降脂、减轻动脉硬化与防治冠心病，而且能降低血压。这五种病况构成老年病的重要病理连环。而饮一杯清茶，却能兵分多路，予以各个击破，其功效非凡。从这个系列疾病看来，固然发病者多在中年以后，而缓慢的病理进程却早在中年以前即已发生。所以，老年人饮茶固所必需，青壮年饮茶也很必要。

多酚类、茶氨酸、维生素 C、维生素 B3，都是茶叶中所含有的有效成分，对心血管疾病的发生有多方面的预防作用，如降脂、改善血管功能等。其中维生素 B3 还能扩张小血管，从而使血压下降。茶氨酸则通过调节脑和末梢神经中含有的色胺等胺类物质来起到降低血压的作用，这是直接降压作用。此外，茶叶还可以通过利尿、排钠的作用，间接降压。茶的利尿、排钠效果很好，若与饮水比较，要大两三倍，这是因为茶叶中含有咖啡碱和茶碱的缘故。茶叶中的氨茶碱能扩张血管，使血液不受阻碍而易流通，有利于降低血压。

五、 防治神经系统疾病

实验证明，饮茶可明显提高大鼠的运动效率和记忆能力，这主要是因为茶中含有茶氨酸、咖啡碱、茶碱、可可碱；饮茶提神、缓解疲劳的功效主要由咖啡碱、茶氨酸引起。茶氨酸缓解疲劳的作用是通过调节脑电波来实现的，如被试口服 50 毫克茶氨酸，40 分钟后脑电图中可出现 α 脑电波，α 脑电波是安静放松的标志；同时被试感到轻松愉快、无焦虑感。因此茶氨酸具有消除紧张、缓解疲劳的作用。

大脑细胞活动的能量来源于腺苷三磷酸，腺苷三磷酸的原料是腺苷酸。咖啡碱能使腺苷酸的含量增加，提高脑细胞的活力。饮茶能够起到增进大脑皮质活动的功效。

咖啡碱还具有刺激人体中枢神经系统的作用，这一点不同于乙醇等麻醉性物质，例如乙醇含量高的白酒。白酒是以减弱抑制性条件反射来起到兴奋作用的。而咖啡碱使人体的基础代谢、横纹肌收缩力、肺通气量、血液输出量、胃液分泌量等有所提高。

六、 预防肠胃疾病

临床资料中有用茶叶治疗积食、腹胀、消化不良的方法。餐后饮茶最为适宜，因其能助消化。研究表明，喝茶能促进胃液分泌与胃的运动，有促进胃液排出之效，而且热茶比冷茶更有效果。同时，胆汁、胰液及肠液分泌亦随之提高。茶碱具有松弛胃肠平滑肌的作用，能减轻因胃肠道痉挛而引起的疼痛；儿茶素有激活某些与消化、吸收有关的酶的活性的作用，可促进肠道中某些对人体有益的微生物生长，并能促使人体内的有害物质经肠道排出体外。咖啡碱则能刺激胃液分泌，有助于消化食物，增进食欲。因此，茶的消食、助消化作用，是茶叶多种成分综合作用的结果。

在有助于人体消化的同时，茶还具有防止胃溃疡出血的功能，这是因为茶中多酚类化合物可以薄膜状态附着在胃的伤口，起到保护作用。这种作用也有利于肠瘘、胃瘘的治疗。此外，茶叶具有防治痢疾的作用，因为茶叶中含有较多的多酚类与黄酮类物质，具有消炎杀菌作用。

七、 解酒醒酒

酒后饮茶一方面可以补充维生素 C，协助肝脏的水解作用；另一方面茶叶中的咖啡碱等一些利尿成分，能使酒精迅速排出体外。茶叶中含有的茶多酚、茶碱、咖啡碱、黄嘌呤、黄酮类、有机酸、多种氨基酸和维生素类等物质，相互配合作用，使茶汤如同一副药味齐全的"醒酒剂"。其主要作用是：兴奋中枢神经，对抗和缓解酒精的抑制作用，以减轻酒后的昏晕感；扩张血管，利于血液循环，有助于将血液中的酒精排出；提高肝脏代谢能力；通过利尿作用，促使酒精迅速排出体外，从而起到解酒作用。

八、 减肥、美容、明目

饮茶去肥腻的功效自古就备受推崇。据《本草拾遗》记载，饮茶可以"令人瘦，去人脂"。现代医学研究表明，饮茶减肥主要是通过以下三种途径来实现的：①抑制消化酶活性，减少食物中脂肪的分解和吸收；②调节脂肪酶活性，促进体内脂肪的分解；③抑制脂肪酸合成酶活性，降低食欲和减少脂肪合成。主要原因如下：茶多酚类化合物可以显著降低肠管内胆汁酸对饮食来源胆固醇的溶解作用，从而抑制小肠的胆固醇吸收和促进其排泄，对葡萄糖苷酶和蔗糖酶具有显著的抑制效果，进而减少或延缓葡萄糖的肠吸收，发挥其减肥作用；儿茶素类物质可激活肝脏中的脂肪分解酶，使脂肪在肝脏中分解，从而减少脂肪在内脏、肝脏的积聚；绿茶提取物、红茶萃取物和其主要的活性成分茶黄素对脂肪酸合成酶具有很强的抑制能力，从而抑制脂肪的合成，达到减肥效果。

另有研究发现，茶多酚对皮肤有独特的保护作用：防衰去皱、消除褐斑、预防粉刺、防止水肿等。主要原理如下：①通过吸收紫外线来防止紫外线损伤皮肤；②通过清除活性氧自由基而防止胶原蛋白等生物大分子受活性氧攻击，通过清除脂质自由基而阻断脂质过氧化；③通过调节氧化酶与抗氧化酶的活性来增强抗氧化效果；④通过抑制酪氨酸酶活性来防止黑色素的生成等。除茶多酚外，茶叶中的维生素 A、维生素 B2、维生素 C 和维生素 E 及绿原酸等对皮肤也有保护作用。加之茶叶里面营养成分丰富，因此，饮茶乃美容之佳品。

茶对眼的视功能有良好的保健作用。茶叶中含有很多营养成分，特别是其中的维生素，对眼的营养极其重要。眼的晶状体对维生素 C 的需要比其他组织要高，若维生素 C 摄入不足，会导致晶状体浑浊，进而形成白内障。茶叶中的维生素 C 含量较高，所以饮茶有预防白内障的作用。茶中所含的维生素 B1 是维持神经（包括视神经）生理功能的营养物质，一旦缺乏，可发生神经炎而致视力模糊、两目干涩，故饮茶对神经炎有防治作用。茶中还含有大量的维生素 B2，可养护眼部上皮细胞，是维持视网膜正常必不可少的活性成分。饮茶可防止因缺乏 B2 所引起的角膜浑浊、眼睛干燥、羞明畏光、视力减退及角膜炎等。夜盲症的发病，主要和缺乏维生素 A 有关，而茶叶中含有维生素 A，对夜盲症有预防作用。

九、 防泌尿系统疾病

茶叶具有较强的利尿功能,临床上可以减除因小便不利而引起的多种病痛。

茶的利尿作用是由于茶汤中含有咖啡碱、茶碱、可可碱,这种作用,茶碱较咖啡碱强,而咖啡碱又强于可可碱。茶叶所含的槲皮素等黄酮类化合物及苷类化合物也有利尿作用,与上述成分协同作用时,利尿作用就会更加明显。茶汤中还含有 6,8-二硫辛酸,6,8-二硫辛酸是一种具有利尿和镇吐作用的成分。当茶叶所含的可溶性糖和双糖被消化吸收后,增加了血液渗透压,促使过多水分进入血液,随着血管内血液的增加,就会引起利尿作用。

十、 防龋齿

造成龋齿的原因较多,如年龄、生理、饮食习惯、牙齿本身以及环境条件等。人们一致认为,人体一旦缺乏氟,则易于引起龋齿。茶叶是含氟较高的饮料,而氟具有防龋坚骨的作用。在龋齿之初,牙面上往往有菌斑,菌斑中的细菌分解食物变成糖,进一步形成酸,因侵蚀牙齿而产生龋齿。饮茶时,氟和其他有效成分进入菌斑,防止细菌生长。现代科学研究证明,如果每人每天饮用 10 克茶叶,就可以预防龋齿的发生。

此外,茶多酚及其氧化产物能有效防止蛀牙的形成。茶多酚能使致龋链球菌活力下降,还能抑制该菌对唾液覆盖的羟基磷灰石的附着,强烈抑制该菌葡萄糖苷基转移酶催化的水溶性葡聚糖的合成,减少龋洞数量。

十一、 防癌、抗癌

茶叶的防癌、抗癌一直是茶叶药理学较活跃的研究领域。有研究发现,茶叶或茶叶提取物对多种癌症的发生具有抑制作用,主要有皮肤癌、肺癌、食道癌、肠癌、胃癌、肝癌、血癌、前列腺癌等。主要通过以下途径来实现。

(1) 抑制和阻断致癌物质的形成。茶叶对人体致癌性亚硝基化合物的形成具有不同程度的抑制和阻断作用,其中以绿茶的活性最高,其次为紧压茶、花茶、乌龙茶和红茶。此外,茶叶中儿茶素类化合物还能直接作用于已形成的致癌物质。

（2）抑制致癌物质与 DNA 共价结合。儿茶素类化合物可使共价结合的 DNA 数量减少 34%～65%，其中以 EGCG、ECG 和 EGC 的效果较明显。

（3）调节癌症发生过程中的酶类。儿茶素类化合物能抑制对癌症具有促发作用的酶类，如鸟氨酸脱羧酶、脂氧合酶和环氧合酶等的活性，促进具有抗癌作用的酶类，如谷胱甘肽过氧化物酶、过氧化氢酶等的活性。

（4）抑制癌细胞的增殖和转移。儿茶素类化合物能显著抑制癌细胞的增殖，绿茶提取物可抑制癌细胞的 DNA 合成，EGCG、ECG 等儿茶素类化合物可阻止癌细胞转移。

（5）清除自由基。人体内过剩的自由基也是癌症发生的主要原因之一，因此，清除自由基也是抗癌、抗突变的一个重要机制。茶叶中的儿茶素类物质，特别是酯型儿茶素具有较强的清除自由基的能力。

十二、 预防和治疗糖尿病

茶叶能治疗糖尿病是多种成分综合作用的结果。①茶叶含的多酚和维生素 C，能保持微血管的正常韧性、通透性，因而使本来微血管脆弱的糖尿病患者，通过饮茶恢复其正常功能，对治疗有利。②茶叶芳香物质中的水杨酸甲酯能提高肝脏中肝糖原物质的含量，减轻机体糖尿病的发生。③饮茶可补充维生素 B1，对防治糖代谢障碍有利。④茶叶中的泛酸在糖类代谢中起到重要作用。

茶叶降血糖的有效组分主要有三种：①复合多糖；②多酚类物质；③维生素 C 和维生素 B1。所以正常人饮用绿茶也可以预防糖尿病的发生。糖尿病的防治效果，绿茶优于红茶，老茶优于新茶，冷水茶优于沸水茶。

十三、 生津止渴，解暑降温

夏天，饮一杯热茶，不但可以生津止渴，而且可使全身微汗、解暑。这是茶不同于其他饮料的应用。

茶水中的多酚类、糖类、果胶、氨基酸等与口腔中的唾液发生化学反应，使口腔得以保持湿润，起到止渴生津的作用；茶汤中的多酚类结合各种芳香物质，可给予口腔黏膜以轻微的刺激而产生鲜爽的滋味，促进唾液分泌，生津止渴。咖啡碱可以从内部控制体温调节中枢,促进汗腺分泌,达到防暑降温的目的。另外,生物碱的利尿作用也能带走热量,有利于体温下降,从而发挥清热消暑的作用。出汗会使体内钠、钙、钾和维生素 C 等成分减少,也会加重渴感,而茶叶富有上述成分,且易泡出,尤其维生素 C,可以促进细胞对氧的吸收,减轻机体对热的反应,增加唾液的分泌。

十四、 解毒、抗病毒

茶是某些麻醉药物(乙醇、吗啡等)的拮抗剂、有毒有害物质的沉淀剂、病原微生物的抑制剂。因此,其解毒作用是比较全面的。多酚及茶色素络合重金属,能与汞、砷、镉离子结合,延迟及减少毒物的吸收。茶中锌是镉的对抗剂,临床多以浓茶灌服治误吞重金属。

茶多酚具有抗菌广谱性,并具有较强的抑菌能力,它对自然界中大多数动植物病原细菌具有一定的抑制能力,并且不会使细菌产生耐药性。抑菌所需的茶多酚浓度较低。茶色素、儿茶素对人类免疫缺陷病毒、流感病毒有抑制作用。

十五、 延年益寿

人体衰老是自由基代谢平衡失调的综合表现。自由基引起细胞膜损害,脂褐素随年龄增大而大量堆积,影响细胞功能。人体衰老的另一个重要原因是体内脂肪的过氧化过程。

在现代高龄老人中,很多人都有饮茶的嗜好。上海市有一位超过百岁的张殿秀老太太,每天起床后就要空腹喝一杯红茶,这是她从二十几岁起就养成的一种习惯。四川省万源市大巴山深处的青花镇被称为"巴山茶乡",那里的人都有种茶、喝茶的习惯,那里有 100 多位老人,平均年龄在 80 岁以上,年龄较大的已过百岁。

现代科学研究进一步表明,茶叶在抗衰老、防癌症、健身益寿方面能起到积极的作用。对一般人来说,茶叶已成为一种理想的长寿饮料。

茶叶含有丰富的维生素 C 和维生素 E,它们都具有很强的抗氧化活性。维生素 E 被医学界公认为抗衰老药物。有人对茶叶中多酚类物质的抗衰老性能进行了试验和研究,发现茶多酚是一种强有力的抗氧化物质,对细胞变异有着较强的抑制作用。茶多酚能高效清除自由基,优于维生素 C 和维生素 E。茶叶中的茶多酚对人体内产生的过氧化脂肪酸的抑制效果要比维生素 E 强近 20 倍,具有抗衰老的作用。

此外,茶叶中的多种氨基酸对抗衰老也有一定作用。例如,胱氨酸有促进毛发生长与防止早衰的功效;赖氨酸、苏氨酸、组氨酸对促进生长发育和智力发育有效,又可增加钙与铁的吸收,有助于预防老年性骨质疏松症和贫血;微量氟也有预防老年性骨质疏松的作用。

拓展阅读

提升精气神的茶饮——打造健康生活新方式

茶饮一直是中国人的传统饮品,其丰富的营养成分和文化内涵受到了广泛的关注。随着人们健康意识的提高,茶饮也成为不少人提升精气神的重要选择。下面介绍几种提升精气神的茶饮,让人在享受美味的同时,也能拥有健康的身体和较好的精神状态。

1. 普洱茶——养胃护肝,提神醒脑

普洱茶是中国特有的一种茶饮,具有较高的药用价值。普洱茶的茶性温和,口感醇厚,是一种非常适合提升精气神的茶饮。普洱茶可以养胃护肝、提神醒脑,有助于改善睡眠质量和缓解焦虑情绪。同时,普洱茶还具有降脂、减肥、抗癌等多种功效,是一种非常健康的饮品。

2. 铁观音——清心明目,提高免疫力

铁观音是一种名贵的乌龙茶,具有清心明目、提高免疫力、抗衰老等多种功效。铁观音的茶性清凉,口感清香,是一种非常适合提升精气神的茶饮。铁观音中含有丰富的多酚类物质,可以有效地抗氧化,清除自由基,保护身体免受外界环境中有害物质的侵害。同时,铁观音还具有降压、降血糖、抗菌等多种功效,是一种非常健康的饮品。

3. 菊花茶——清热解毒,润肺止咳

菊花茶是一种非常适合夏季饮用的茶饮,具有清热解毒、润肺止咳、降血压等多种功效。菊花茶的茶性清凉,口感清香,是一种非常适合提升精气神的茶饮。菊花茶中含有丰富的黄酮类物质,可以有效地抗氧化,清除自由基,保护身体免受外界环境中有害物质的侵害。同时,菊花还具有降脂、抗癌、美容等多种功效,是一种非常健康的饮品。

4. 红茶——提高警觉性,增强记忆力

红茶是一种非常受欢迎的茶饮,具有提高警觉性、增强记忆力、促进消化等多种功效。红茶的茶性温和,口感浓郁,是一种非常适合提升精气神的茶饮。红茶中含有丰富的咖啡因和茶多酚等物质,可以有效地提高警觉性和增强记忆力。同时,红茶还具有降血脂、降血压、抗癌等多种功效,是一种非常健康的饮品。

5. 绿茶——抗氧化,降血脂

绿茶是一种非常适合日常饮用的茶饮,具有抗氧化、降血脂、降血压等多种功效。绿茶的茶性清凉,口感鲜爽,是一种非常适合提升精气神的茶饮。绿茶中含有丰富的茶多酚、维生素 C 等物质,可以有效地抗氧化,清除自由基,保护身体免受外界环境中有害物质的侵害。同时,绿茶还具有减肥、抗癌、美容等多种功效,是一种非常健康的饮品。

茶饮是一种非常适合提升精气神的饮品,不仅口感好,而且营养价值高,具有多种健康功效。在日常生活中,我们可以根据自己的喜好和身体状况选择适合自己的茶饮,让身体和精神得到全面的提升和保护。

(资料来源:《提升精气神的茶饮 打造健康生活新方式》,莘羽茶网,2024年 7 月 17 日,略有改动)

第六章

茶艺与茶道

　　茶艺是包括茶叶品评技法和艺术操作手段的鉴赏，以及品茗美好环境的领略等整个品茶过程的美好意境。其过程体现形式和精神的相互统一，是饮茶活动过程中形成的文化现象。茶艺起源于中国，与中国文化的各个层面都有着密不可分的关系，文人用茶激发文思，佛家用茶解睡助禅，道家用茶修身养性……茶艺不是空洞的玄学，而是生活内涵改善的实质性体现。自古以来，挂画、插花、焚香、点茶并称"四艺"，尤为文人雅士所喜爱。茶艺还是高雅的休闲活动，可以使精神放松，拉近人与人之间的距离，化解误会和冲突，建立和谐的关系。总之，茶艺通过形式与精神的完美结合，包含着美学观点和人们精神的寄托。

　　茶艺是饮茶的艺术，是茶道的基础和必要条件，茶艺可以独立于茶道而存在。茶道以茶艺为载体，依存于茶艺，茶道不能离开茶艺而独立存在。茶艺的重点在"艺"，讲究技艺，追求品饮情趣，以获得美感享受。茶道的重点在"道"，旨在通过茶艺修身养性、参悟大道。茶艺的内涵小于茶道，茶艺的外延大于茶道。

第一节　茶艺概述

一、茶艺起源

早在唐代,"艺"就与"茶"发生了联姻。陆羽的《茶经》记载:"(茶树)凡艺而不实,植而罕茂。法如种瓜,三岁可采。"这里的"艺",主要是指"种植"之意。

宋代之际,"艺"与烹茶、饮茶联系在一起。《茗荈录》记载:"吴僧文了,善烹茶。游荆南,高保勉四子季光,延置紫云庵,日试其艺。"陈师道撰《茶经序》,有"茶之为艺"说。这两处的"艺",均为"烹茶""饮茶"之意,可以说开启了后世称品饮茶之程式为茶艺的先河。

明代,《茶谱》中有"艺茶"的记载:"艺茶欲茂,法如种瓜,三岁可采,阳崖阴林,紫者为上,绿者次之。"《广东新语》记载:"珠江之南有三十三村……其土沃而人勤,多业艺茶。"这里的"艺",指种植。

由此可见,在古人的心目中,"艺"字和"茶"字相连时,可以做多种解释。"茶艺"一词,首创者应为茶学家胡浩川。1940年,傅宏镇辑纂《中外茶业艺文志》,胡浩川在为该书作序时写道:"津梁(注:津梁即渡口和桥梁,比喻能起引导、过渡作用的事物或方法)茶艺,其大裨助乎吾人者。""今之有志茶艺者,每苦阅读凭藉之太少。"他所提的"茶艺",涵盖了茶树种植、加工和审评之内的各种技艺,但并不包含当代意义上关于茶叶冲泡、品饮及相关礼仪服务之类的内容。而且,令人遗憾的是,"茶艺"虽然被提出来了,但并没有引起业界的重视,未能得以流行。

20世纪70年代,台湾地区一批有识之士在传承中华传统文化的过程中,也在寻求身份的认同,而具有数千年悠久历史的茶文化无疑是一个绝佳的切入点。1977年,娄子匡组织了一个名为"味茶小集"的茶会,邀来一批茶界人士,推动正确的饮茶方式。为了恢复与弘扬品饮茗茶的民俗,有人提出"茶道"这个词。但是,另有人指出"茶道"虽然创建于中国,但流传于日本,被其专美于前,如果现在援用"茶道",恐怕会引起误会;另一个顾虑,是怕"茶道"这个名词过于严肃,不容易被普通大众接受、传播。经过一番激烈的讨论,与会者普遍认可并接受了娄子匡提出的"茶艺"一词,以区别于日本的"茶道"、韩国的"茶礼"。

综上所述,"茶艺"二字从古至今,不同朝代具有不同的含义。当今,中国茶文化正迎来繁荣的黄金时期,以茶艺的兴起为主要标志,中国茶文化魅力无穷,古老又充满青春活力,将助力人们身心更健康、社会更文明、世界更美好。

二、 茶艺的分类及构成要素

(一)茶艺的分类

我国地域辽阔,民族众多,饮茶历史悠久,各地的茶风、茶俗、茶艺繁花似锦,美不胜收。为了便于深入研究,我们必须对茶艺进行分类。但由于目前我国茶艺形式实在太多、太复杂,做统一分类比较困难,通常是根据研究目的的不同来确定分类标准。目前茶艺常见的分类有以下几种。

1. 按表现形式分类

1)表演型茶艺

表演型茶艺是指由一个或几个茶艺师在舞台上演示茶艺的技巧,众多观众在台下欣赏的一种茶艺形式。从严格意义上说,台下的观众并没有真正参与到茶事活动中去,他们中只有少数几人有机会品到茶,其余的人都无法鉴赏到茶的色、香、味、形,更品悟不到茶的韵味,所以表演型茶艺称不上是真正意义上的茶艺。但是,表演型茶艺适用于大型聚会,并且可以借助一切舞台美学的手段来提高茶艺的观赏价值,同时比较适合用于表现历史性题材或创编出现代主题茶艺。所以,在宣传普及茶文化,推广和提高泡茶技艺,丰富人们的精神文化生活等方面,这类茶艺具有独特的优势。从过去到现在,我国组织的各类茶艺大赛中,参赛的也多是表演型茶艺。

与其他类型茶艺相比,表演型茶艺在艺术观赏性上要求较高。从表演主题内容到场景、道具、背景音乐,以及表演者的服饰、妆容和动作等,都需要进行精心设计与安排,借助舞台艺术的一切手段去提高艺术感染力。在表演时,茶艺师要像演员一样进入角色,动作和表情可以根据茶艺内容的需要适度夸张一些。

相应地,在泡茶技术性方面的要求相对不那么严格,泡茶的用量、水温和时间都可根据表演情节和节奏做灵活调整。

随着茶艺的快速发展,目前表演型茶艺可分为技艺型茶艺和艺术型茶艺两种。

技艺型茶艺主要以各种掺茶技艺为表演内容,技巧性较强,表演中有很多武术动作,因此要求表演者有一定的武术基础(如长嘴壶茶技表演);而艺术型茶艺则指对泡茶、饮茶全过程做艺术展示的茶艺,也即一般常见的表演型茶艺。艺术型茶艺通常都有一个主题,其主题内容不同,相应的表演内容、表演风格、服装、茶具、舞台布景及背景音乐等方面都有较大差异。

2) 待客型茶艺

待客型茶艺是指由一名主泡茶艺师与几位客人围桌而坐,一同赏茶、鉴水、闻香、品茗。在场的每一个人,都是茶事活动的直接参加者,而非旁观者,每一个人都参加了茶艺美的创造,都能充分领略到茶的色、香、味、韵。由于参与的人数不多,范围较小,气氛一般轻松愉快,参与者可以自由地交流感情,切磋茶艺,探讨茶道奥义。所以,在以茶示道方面,待客型茶艺比表演型茶艺更具优势。但是,待客型茶艺较难用于大规模的聚会。

待客型茶艺不仅是现代茶艺馆中最常用的茶艺,还适用于政府机关、企事业单位以及普通家庭。学习这种茶艺时,切忌带上表演型的色彩,讲话、动作、服饰都不可造作,不宜夸张,一定要像主人接待自己的亲朋好友一样亲切、自然。

待客型茶艺一般要求茶艺师边泡茶边讲解,客人也可以随意发问、插话。所以要求茶艺师有较强的语言表达能力和与客人沟通的能力以及应变能力,同时,还必须具备比较丰富的茶文化知识。

3) 营销型茶艺

营销型茶艺是指通过泡茶来推销茶叶、茶具等商品。营销本身也是一门艺术。营销型茶艺是最受茶庄、茶厂、茶叶专卖店欢迎的一种茶艺。其在进行冲泡器具选择时,一般应选用能充分显示所泡茶叶的品质优点的茶具,便于直观地向客人讲解茶的特性。在冲泡过程中,茶艺师不注重于用一整套程式化的程序和像背书一样的解说词来泡茶、讲茶,而是结合茶叶市场学和消费心理学理论,在充分展示茶叶内质的同时,突出讲解所冲泡茶叶的商品魅力,意在激发客人的购买欲望,最终达到促销的目的。

营销型茶艺要求茶艺师自信、诚恳,并具备丰富的茶叶商品知识和娴熟的茶叶营销技巧。

2. 按茶艺主体的身份分类

1）宫廷茶艺

宫廷茶艺是我国古代帝王敬神、祭祖、日常起居或赐宴群臣时进行的茶艺。唐代的清明茶宴、东亭茶宴，宋代皇帝游观赐茶、视学赐茶，以及清代的千叟茶宴等，均可视为宫廷茶艺。宫廷茶艺的特点是场面宏大、礼仪烦琐、气氛庄严、茶具奢华、等级森严且带有政治色彩。

2）文士茶艺

文士茶艺是在历代儒士们品茗斗茶的基础上发展起来的茶艺。比较有名的有唐代吕温写的《三月三茶宴序》、颜真卿等名士的月下啜茶联句、白居易写的《夜闻贾常州崔湖州茶山境会亭欢宴》，以及宋代文人在斗茶活动中所用的点茶法、瀹茶法等。文士茶艺的特点是文化内涵厚重，品茗时注重意境，茶具精巧典雅，表现形式多样，气氛轻松愉悦。文士茶艺常和清谈、赏花、观月、抚琴、吟诗、联句、鉴赏古董字画等相结合，深得怡情悦心、修身养性之真趣。

3）宗教茶艺

宗教茶艺是在我国古代僧道们以茶供佛敬神和日常生活饮茶活动基础上发展起来的茶艺，带有强烈的宗教色彩。现代宗教茶艺逐渐演变成表演型茶艺。我国目前流传较广的有禅茶茶艺、佛茶茶艺、观音茶茶艺、太极茶艺、道家茶艺等。宗教茶艺的特点是特别讲究礼仪，气氛庄严肃穆，茶具古朴典雅，强调修身养性或以茶示道。日本茶道是在我国宋代宗教茶艺基础上发展起来的。

4）民俗茶艺

我国是一个由 56 个民族组成的民族大家庭，各民族对茶虽有共同的爱好，却有各自的饮茶习俗。就连汉族内部也是千里不同风、百里不同俗。在长期的茶事实践中，不少地方的老百姓创造出了具有独特风格的民俗茶艺。民俗茶艺包括地方型茶艺和民族型茶艺。地方型茶艺指反映各地百姓不同茶俗的茶艺，如客家擂茶、惠安女茶、新娘茶等。民族型茶艺指反映流行于各民族地区的特色茶俗的茶艺，如藏族的酥油茶、蒙古族的奶茶、白族的三道茶、畲族的宝塔茶、布朗族的酸茶、土家族的擂茶、维吾尔族的香茶、纳西族的"龙虎斗"茶、苗族的油茶、回族的罐罐茶，以及傣族和拉祜族的竹筒香茶等。民俗茶艺的特点是表现形式多姿多彩，特色鲜明，贴近生活，所用茶具质朴多样，清饮混饮不拘一格，具有浓厚的乡土气息。

3. 按茶叶种类分类

以茶为主体来分类,实质上是茶艺顺茶性、倡茶道、示茶美的具体表现。我国茶类众多,各种茶的品质特点大相径庭,因此不同茶类对泡茶时所用的器具、水温、茶量、时间均有不同的要求,这就形成了不同的茶艺方法。目前常见的茶类茶艺有绿茶茶艺、红茶茶艺、乌龙茶茶艺、普洱茶茶艺及花茶茶艺等。

4. 按饮茶器具分类

不同茶具的式样、大小、质地等各不相同,决定了泡茶过程中水温、时间和很多操作手法、饮茶方式的不同,因而形成了不同的茶艺方法。目前主要有壶泡法(包括紫砂小壶冲泡法和瓷器大壶冲泡法),还有盖碗茶艺和玻璃杯茶艺等。

5. 按冲泡方式分类

不同的冲泡方式在操作方法上不同,冲泡出的茶汤在色香味上也有很大差异。常见的有烹煮法、泡茶法、点茶法、煎茶法等。

(二)茶艺的构成要素

我国目前茶艺类型很多,但无论哪一类茶艺,都是由茶、水、具、境、艺、人这六大基本要素构成的。要达到茶艺美,就必须茶、水、具、境、艺、人这六大基本要素俱美,只有六大基本要素有机结合与完美配合,才能产生优美动人的茶艺。

1. 茶

茶叶是茶艺的第一要素,只有选好茶叶才能选择泡茶之水、茶具,才能确定冲泡的方式和品饮的要领。不同时代的制茶、泡茶方法不同,故判断茶叶品质的标准也有差异。较早提到选择茶叶标准的是陆羽的《茶经》:"野者上,园者次。阳崖阴林,紫者上,绿者次;笋者上,牙者次;叶卷上,叶舒次。"陆羽认为野生的茶叶比园中人工栽培的茶叶要好,生长在向阳山崖阴林中的茶叶紫色的比绿色的要好,呈笋状的茶芽尖比普通的茶芽要好,叶子卷的比叶子张开的要好。宋代蔡襄也提出了选择茶叶的标准,在他的《茶录》中,"茶色贵白","茶有真香","茶味主于甘滑"。他将色、香、味作为评判茶叶品质优劣的标准。而赵佶将味摆在首位,他在《大观茶论》中说:"夫茶以味为上,香甘重滑,为味之全。""茶有真香,非龙麝可拟……点茶之色,以纯白为上真,青白为次,灰白次之,黄白又次之。"明代盛行散茶冲泡,与今相同。张源《张伯渊茶录》中主张:"茶有真香,有兰香,有清香,有纯香。""茶以青翠为胜","味以甘润为上"。到清代,绿茶、黄茶、青茶、红茶、白茶、黑茶、花茶等品种齐全,品质优异,风味独特,各具风韵,各地饮茶方式呈多样化。例如,北方地区人们喜爱茉莉花茶、绿茶,长江流域人们喜爱绿茶,闽粤地区人们偏爱乌龙茶,云南和四川地区人们喜爱黑茶、红茶和绿茶,西北地区少数民族则喜爱砖茶。

2. 水

茶是作为饮料而被人们利用的,自然离不开水。"水为茶之母",不同的水,泡出的茶在色、香、味上差别很大。明代张大复在《梅花笔谈》中说:"茶性必发于水,八分之茶遇十分之水,茶亦十分矣。八分之水试十分之茶,茶只八分耳。"说明好水可以提升茶的品质,差水会降低茶汤质量。所以,自古以来,人们对泡茶用水都很重视,好茶必须选好水泡。

另外,泡茶用水是需要煮沸的,然而怎样煮沸和煮沸到何种程度,也关系到茶汤质量,故古人称"候汤(古人对煮水的称呼)最难"。修习茶艺不仅要掌握水的知识,还需要学会煮水方法。

3. 具

准备泡茶的器具是品茗的前提。明代许次纾在《茶疏》中说:"茶滋于水,水藉乎器,汤成于火。"茶具在茶艺要素中占据重要地位,不仅是技术上的需要也是艺术上的需要,是茶艺审美的对象之一。较早提出茶具审美的是西晋的杜育,他在《荈赋》中说:"器择陶简,出自东瓯。"这里面写的是四川地区饮茶的情形,选水用岷山的清流,茶具选择浙江的青瓷,看中的不仅是青瓷的实用功能,更是青瓷的器形和釉色。唐代陆羽称赞道:"越州瓷、岳瓷皆青,青则益茶。"并将浙江越窑的青瓷与北方邢窑的白瓷对比,认为白瓷"类银""类雪",青瓷"类玉""类冰"。唐代越窑出产的"秘色瓷"专供皇宫饮茶使用。宋代盛行斗茶,讲究茶汤泡沫越白越好,福建建窑出产的黑釉兔毫盏在当时很受欢迎。明代江西景德镇生产的青白瓷茶具名扬海内外,清代的粉彩、青花瓷、斗彩盖碗茶具从选料、上釉到绘图要求越来越高,茶具已经具有很高的艺术审美价值。现代工业技术不断进步,茶具的种类也越来越繁多。一般说来,冲泡名优绿茶可选用透明无刻花玻璃杯或白瓷、青瓷、青花瓷盖碗,花茶可选用青花瓷、青瓷、斗彩、粉彩盖碗,普洱茶、乌龙茶可选用紫砂壶和小品茗杯,黄茶可选用白瓷、黄釉瓷杯或盖碗,红茶可选用白瓷壶、白底红花瓷壶和盖碗,白茶可选用白瓷茶具。

4. 境

品茗环境自古以来要求宁静、高雅。可以在竹林野外,也可以在寺院或书斋、陋室。总体来说分为野外、室内和人文三类。野外环境追求的是天人合一的哲学思想,追求人与自然的和谐,借景抒情,寄情于山水之间,试图远离尘世,淡泊名利,净化心灵。室内环境对于文人雅客更为适合。可以根据自己的喜好布置成书斋式或茶馆式、茶亭式。在宋代市井中就出现了很多集曲艺为一体的茶馆,客人可以一边饮茶一边欣赏窗外美景和室内曲艺,起到放松休闲的目的。人文环境更多注重好友相聚、品茗论道、写诗作画、赏景怡情,以达到沟通心灵、联系友谊、启迪智慧的目的。当今生活中人们可以不拘泥于形式,灵活选择山青水绿、鸟语花香的春暖时节与家人好友一边品茗一边叙谈吟诗,尽情享受高雅的生活艺术。

5. 艺

艺指的是茶艺的具体操作程序和方法,也包括各种姿势和动作,以及各种礼仪细节等。茶艺的艺之美,是一种动态美,是将前四种静态要素串联起来而形成完整茶艺的重要因素。

泡茶的技艺直接影响到茶的色香味,是品茗艺术的关键环节。泡茶的技艺主要看煮水和冲泡。唐代陆羽认为:"其沸,如鱼目,微有声,为一沸;缘边如涌泉连珠,为二沸;腾波鼓浪,为三沸。已上水老,不可食也。"这是符合唐代煮茶的煮水要求的。煮水还应当用燃烧出火焰而无烟的炭火,其温度高,烧水最好。古人对水温很重视,如果水温太低,茶叶中的有效成分就不能及时浸出,滋味淡薄,汤色不美;如果水温太低,水中的二氧化碳散尽,会减弱茶汤的鲜爽度,汤色不明亮,滋味不醇厚。这些都与现代科学研究结果相符。一般来说,冲泡红茶、绿茶、花茶,可用 85~90 ℃ 的开水冲泡。如果是高级名优绿茶,则用 80 ℃ 的开水冲泡。如果是乌龙茶,则用 100 ℃ 的开水冲泡。一般茶叶与水的比例是 1:50。

6.人

人是茶艺的主体,前面五要素的有机组合与发挥都是靠人来完成的。所以,人是茶艺的最根本、最关键的要素。同时,在茶艺美的创造中,人之美也是其中很重要的一个内容。试想,如果有好茶、佳泉、精具、雅境,以及完备的程序、方法,但茶艺员本身不美,那样的茶艺能叫艺术吗?能给人带来美的享受吗?所以,茶人之美是茶艺的一个非常重要的组成部分,对于茶人,有两个方面的美的要求:一是要仪表仪态美;二是要心灵美、言谈举止美。

第二节　茶道的哲学与艺术

一、什么是茶道

受老子"道可道,非常道;名可名,非常名"的思想影响,"茶道"一词从使用以来,历代茶人都没有给它下过一个准确的定义。直到近年来,对茶道的解释才热闹起来。

周作人说得比较随意,他对茶道的理解为:茶道的意思,用平凡的话来说,可以称作"忙里偷闲,苦中作乐",在不完全的现世享乐一点美与和谐,在刹那间体会永久。

吴觉农先生认为,茶道是"把茶视为珍贵、高尚的饮料,因茶是一种精神上的享受,是一种艺术,或是一种修身养性的手段"。

庄晚芳先生认为,"茶道"就是一种通过饮茶的方式,对人们进行礼法教育、道德修养的一种仪式。

陈香白先生认为,中国茶道包含茶艺、茶德、茶礼、茶理、茶情、茶学说、茶导引七种义理,中国茶道精神的核心是"和"。中国茶道就是通过茶事过程,引导个体在本能和理性的享受中走向完成品德修养,以实现全人类和谐安乐之道。

丁以寿先生认为:"茶道是以养生修心为宗旨的饮茶艺术。简而言之,茶道即饮茶修道。"

　　台湾地区学者刘汉介先生认为,所谓茶道,是指品茗的方法与意境。蔡荣章先生认为,如要强调有形的动作部分,则用"茶艺";如要强调茶引发的思想与美感境界,则用"茶道"。指导"茶艺"的理念就是"茶道"。

　　其实,给茶道下定义是件费力不讨好的事。茶道文化本身的特点正是老子所说的:"道可道,非常道;名可名,非常名。"同时,佛教也认为:"道由心悟。"如果一定要给茶道下一个定义,把茶道作为一个固定的、僵化的概念,反倒失去了茶道的神秘感,同时也限制了茶人的想象力,淡化了通过用心灵去悟茶道时产生的玄妙感觉。用心灵去悟茶道的玄妙感觉,好比是"月印千江水,千江月不同",有的"浮光跃金",有的"静影沉璧",有的"江清月近人",有的"水清鱼读月",有的"月穿潭底水无痕",有的"江云有影月含羞",有的"冷月无声蛙自语",有的"清江明水露禅心",有的"疏影横斜水清浅,暗香浮动月黄昏",有的则"雨暗苍江晚来清,白云明月露全真",月之一轮,映射各异。"茶道"如月,人心如江,在各个茶人的心中对茶道自有不同的美妙感受。

　　我们认为,茶道是一种以茶为媒、修身养性的方式,它通过沏茶、赏茶、饮茶,达到增进友谊、学习礼法、美心修德的目的。茶道的核心精神是"和"。"和"是茶文化的灵魂,与"清静、恬淡"的东方哲学契合,也符合儒道佛的"内省修行"的思想。

二、 中国茶道的内涵

茶道发源于中国。中国茶道兴于唐,盛于宋、明,衰于近代。宋代以后,中国茶道传入日本、朝鲜,获得了新的发展。今人往往只知有日本茶道,却对作为日、韩茶道的源头,具有上千年历史的中国茶道知之甚少。这也难怪,"道"之一字,在汉语中有多种意思,如行道、道路、道义、道理、道德、方法、技艺、规律、真理、终极实在、宇宙本体、生命本源等。因"道"的多义,故对"茶道"的理解也见仁见智、莫衷一是。笔者认为,中国茶道是以修行得道为宗旨的饮茶艺术,其目的是借助饮茶艺术来修炼身心、体悟大道、提升人生境界。

中国茶道是"饮茶之道""饮茶修道""饮茶即道"的有机结合。"饮茶之道"是指饮茶的艺术,"道"在此作方法、技艺讲;"饮茶修道"是指通过饮茶艺术来尊礼依仁、正心修身、志道立德,"道"在此作道德、真理、本源讲;"饮茶即道"是指道存在于日常生活之中,饮茶即是修道,"道"在此作真理、实在、本体、本源讲。

(一) 中国茶道:饮茶之道

封演的《封氏闻见记》记载:"楚人陆鸿渐为《茶论》,说茶之功效并煎茶炙茶之法,造茶具二十四事以都统笼贮之。远近倾慕,好事者家藏一副。有常伯熊者,又因鸿渐之论广润色之。于是茶道大行,王公朝士无不饮者。"

陆羽的《茶经》分一之源、二之具、三之造、四之器、五之煮、六之饮、七之事、八之出、九之略、十之图十章。四之器叙述炙茶、煮水、煎茶、饮茶等器具二十四种,即封演所说的"造茶具二十四事"。五之煮、六之饮说"煎茶炙茶之法",对炙茶、碾末、取火、选水、煮水、煎茶、酌茶的程序、规则做了细致的论述。封演所说的"茶道"就是指陆羽《茶经》倡导的"饮茶之道"。《茶经》不仅是世界上第一部茶学著作,也是第一部茶道著作。

中国茶道成于唐代,陆羽是中国茶道的鼻祖。陆羽《茶经》所倡导的"饮茶之道"实际上是一种艺术性的饮茶,它包括鉴茶、选水、赏器、取火、炙茶、碾末、烧水、煎茶、酌茶、品饮等一系列的程序、礼法、规则。中国茶道即"饮茶之道",亦即饮茶艺术。

中国的"饮茶之道",除《茶经》所载之外,蔡襄的《茶录》、赵佶的《大观茶论》、朱权的《茶谱》、许次纾的《茶疏》等茶书都有相关记载。今天广东潮汕地区、福建武夷山的工夫茶则是中国古代"饮茶之道"的继承和代表。工夫茶的程序和规划是:恭请上座、焚香静气、风和日丽、嘉叶酬宾、岩泉初沸、盂臣沐霖、乌龙入宫、悬壶高冲、春风拂面、熏洗仙容、若琛出浴、玉壶初倾、关公巡城、韩信点兵、鉴赏三色、三龙护鼎、喜闻幽香、初品奇茗、再斟流霞、细啜甘莹、三斟石乳、领悟神韵。

(二) 中国茶道: 饮茶修道

陆羽的挚友、诗僧皎然在其《饮茶歌诮崔石使君》诗中写道:"一饮涤昏寐,情来朗爽满天地。再饮清我神,忽如飞雨洒轻尘。三饮便得道,何须苦心破烦恼……孰知茶道全尔真,唯有丹丘得如此。"皎然认为,饮茶能清神、得道、全真,神仙丹丘子深谙其中之道。皎然此诗中的"茶道"是关于茶道的较早记录。

唐代诗人卢仝的《走笔谢孟谏议寄新茶》一诗脍炙人口,"七碗茶"流传后世。"一碗喉吻润,两碗破孤闷,三碗搜枯肠,唯有文字五千卷。四碗发轻汗,平生不平事,尽向毛孔散。五碗肌骨清,六碗通仙灵。七碗吃不得也,唯觉两腋习习清风生。"唐代诗人钱起的《与赵莒茶宴》诗曰:"竹下忘言对紫茶,全胜羽客醉流霞。

尘心洗尽兴难尽,一树蝉声片影斜。"唐代诗人温庭筠的《西陵道士茶歌》中则有"疏香皓齿有余味,更觉鹤心通杳冥"。

唐末刘贞亮倡茶有"十德"之说:以茶散郁气,以茶驱睡气,以茶养生气,以茶除病气,以茶利礼仁,以茶表敬意,以茶尝滋味,以茶养身体,以茶可行道,以茶可雅志。饮茶使人恭敬、有礼、仁爱、志雅,可行大道。

赵佶的《大观茶论》说茶"祛襟涤滞,致清导和","冲淡简洁,韵高致静","而天下之士,厉志清白,竞为闲暇修索之玩"。朱权的《茶谱》记载:"予故取烹茶之法,末茶之具,崇新改易,自成一家……乃与客清谈欸话,探虚玄而参造化,清心神而出尘表。"

由上可知,饮茶能恭敬有礼、仁爱雅志、致清导和、尘心洗尽、得道全真、探虚玄而参造化。总之,饮茶可资修道,中国茶道即是"饮茶修道"。

(三)中国茶道:饮茶即道

老子认为"道法自然"。庄子认为"道"普遍地内化于一切物,"无乎逃物"。马祖道一禅师主张"平常心是道"。庞蕴居士则说:"神通并妙用,运水及搬柴。"大珠慧海禅师则认为修道在于"饥来吃饭,困来即眠"。道不离于日常生活,修道不必于日用平常之事外用功夫,只需于日常生活中无心而为、顺其自然。自然地生活,自然地做事,运水搬柴,着衣吃饭,涤器煮水,煎茶饮茶,道在其中,不修而修。

《五灯会元》记载:"师问新到:'曾到此间么?'曰:'曾到'。师曰:'吃茶去。'又问僧,僧曰:'不曾到。'师曰:'吃茶去。'后院主问曰:'为甚么曾到也云吃茶去,不曾到也云吃茶去?'师召院主,主应喏。师曰:'吃茶去。'"茶禅一味,道就寓于吃茶的日常生活之中,道不用修,吃茶即修道。后世禅门以"吃茶去"作为"机锋""公案",广泛流传。赵朴初诗曰:"空持百千偈,不如吃茶去。"

《五灯会元》还记载:"又问:'和尚还持戒否?'曰:'不持戒。'曰:'还坐禅否?'曰:'不坐禅。'公良久,师曰:'会么?'曰:'不会。'师曰:'听老僧一颂:滔滔不持戒,兀兀不坐禅,酽茶三两碗,意在镢头边。'"不需持戒,不需从禅,唯在饮茶、劳作。

道法自然,修道在饮茶。大道至简,烧水煎茶,无非是道。饮茶即道,是修道的结果,是悟道后的智慧,是人生的至高境界,是中国茶道的终极追求。顺其自然，无心而为，要饮则饮，从心所欲。不要拘泥于饮茶的程序、礼法、规则，贵在朴素简单，于自然的饮茶之中默契天真、妙合大道。

（四）中国茶道：艺、修、道的结合

中国茶道有三义：饮茶之道、饮茶修道、饮茶即道。饮茶之道是饮茶的艺术，且是一门综合性的艺术。它与诗文、书画、建筑、自然环境相结合，把饮茶从日常的物质生活上升到精神文化层次。饮茶修道是把修行落实到饮茶的艺术形式之中，重在修炼身心、了悟大道。饮茶即道是中国茶道的最高追求和最高境界，煮水烹茶，无非妙道。

在中国茶道中，饮茶之道是基础，饮茶修道是目的，饮茶即道是根本。饮茶之道，重在审美艺术性；饮茶修道，重在道德实践性；饮茶即道，重在宗教哲理性。

中国茶道集宗教、哲学、美学、道德、艺术于一体，是艺术、修行、达道的结合。在茶道中，饮茶的艺术形式的设定是以修行得道为目的，将饮茶艺术与修道合而为一。

中国茶道既是饮茶的艺术，也是生活的艺术，更是人生的艺术。

三、中国茶道的哲理表征

开门七件事，柴米油盐酱醋茶，可见，国人的美学观念与饮食文化息息相关。

浸透在中国茶道中的哲理观，主要表征无非两条：和为贵，适口为美。

陈香白先生认为：中国茶道精神的核心就是"和"。"和"意味着天和、地和、人和，意味着宇宙万物的有机统一与和谐，并因此产生实现天人合一之后的和谐之美。"和"的内涵非常丰富，作为中国文化意识集中体现的"和"，主要包括和敬、和清、和廉、和静、和俭、和美、和蔼、和气、中和、和谐、宽和、和顺、和勉、和合、和光、和衷、和平、和易、和乐、和缓、和谨、和煦、和霁、和售、和羹、和成等意义。一个"和"字，不但囊括了"敬""清""俭""美""乐""静"等意义，而且涉及天时、地利、人和诸层面。在所有汉字中，很难找到一个比"和"更能突出中国茶道内核、涵盖中国茶文化精神的字眼了。叶惠民认为，"和睦清心"是茶文化的本质，也就是茶道的核心。"和"是中国茶道乃至茶文化的哲理表征。

中国茶的焙制目标，以适口为美。适口是辩证的，因时、因地、因材、因人而

异。操作虽有规程,但又必须随品种、温度、湿度的变化而"看茶做茶"。

适口为美首先要合乎时序。在制茶的原料选择上,春茶一般在谷雨后立夏前开采,夏茶在夏至前采摘,秋茶在立秋后采摘。为了保证岩茶质量,对采摘嫩度也有严格要求。过嫩,则成茶香气偏低,味道苦涩;太老,则香粗味淡,成茶正品率低。

许次纾的《茶疏》,提出了"江南之茶……惟有武夷雨前最胜"的看法。他认为:"清明、谷雨,摘茶之候也。清明太早,立夏太迟,谷雨前后,其时适中。若肯再迟一二日期,待其气力完足,香烈尤倍,易于收藏。梅时不蒸,虽稍长大,故是嫩枝柔叶也。"

四、中国茶道精神

我国台湾地区学者认为,茶道的基本精神是"清、敬、怡、真"。

"清",即"清洁""清廉""清静""清寂"。茶艺的真谛,不仅求事物外表之清洁,更需求心境之清寂、宁静、明廉、知耻。在静寂的境界中,饮水清见底之纯洁茶汤,方能体味饮茶之奥妙。

"敬",敬者万物之本。敬乃对人尊敬,对己谨慎,朱熹云"主一无适"。即言敬之态度应专诚一意,其显现于形表者为诚恳之仪态,无轻藐虚伪之意。敬与和相辅,勿论宾主,一举一动,均有"能敬能和"之心情,不流凡俗,一切烦思杂虑,由之尽涤,茶味所生,宾主之心归于一体。

"怡",《说文解字注》认为:"怡,悦也,乐也。"调和之意味,在于形式与方法;悦乐之意味,在于精神与情感。饮茶啜苦咽甘,启发生活情趣,培养宽阔胸襟与远大眼光。怡乐的精神,在于不矫饰自负,处身于温和之中,养成谦恭之行为。

"真",即真理之真,真知之真。至善即是真理与真知结合的总体。至善的境界,是存天性,去物欲,不为利所诱,格物致知,精益求精。换言之,用科学方法,求得一切事物的至诚。饮茶的真谛,在于启发智慧与良知,使人在日常生活中淡泊明志,俭德行事,臻于真、善、美的境界。

我国大陆学者对茶道的基本精神有不同的理解。庄晚芳先生提出"廉、美、和、敬"之说,并做出解释:廉俭育德,美真康乐,和诚处世,敬爱为人。

林治先生认为,"和、静、怡、真"是中国茶道的四谛。"和"是中国茶道哲学思想的核心,"静"是修习中国茶道的方法,"怡"是修习中国茶道的心灵感受,"真"是中国茶道的终极追求。

第三节　茶道在现代社会的传承与创新

在当代,中国茶道与文化艺术、地域民俗的融合,使其内容更加丰富多彩、形式更加多种多样,同时,也表现出鲜活的个性风采。诸如广东、福建的功夫茶,白族的三道茶等形式,在这些不同地域的茶俗、茶礼中,自始至终贯穿着中国茶道强烈的民族色彩、浓郁的文化气息。

从现实生活来看,随着商品大潮的奔腾汹涌,社会竞争的日益激烈,以及人们生活节奏的加快,茶道的功能也变得日益突出。在对茶道的修习中,人们绷紧的心灵之弦得以松弛,倾斜的心理天平得以平衡。在茶道中,我们可以放缓生活节奏,享受愉悦,提升生活品质,感受优雅与宁静,"以茶养身","以道养心",从而保持身心健康。通过茶道来修身养性、品味人生,越来越多的人获得了精神上的享受和人格上的陶冶,这是现代茶道所追求的目标和境界。

下面来谈谈现代茶道精神所包含的内容。

首先是"和"。"和"是中国茶道哲学思想的核心,是儒道佛共通的哲学理念。从"茶"字的结构来看,就包含了人生活在草木之中,茶是人与自然的和谐、人与人之间的和谐的寓意。从行茶过程来看,茶人在按规定的动作备具、冲泡、奉茶、品饮当中,通过入席、奉茶、离席等哪怕是一个小小动作、表情的改变,相互的恭敬之心就产生了,彼此间即使是陌生人,也变得其乐融融,这对改善人际关系、构建和谐社会具有潜移默化之作用。茶道中的"和合"精髓,影响了中国几千年,形成了极富魅力的东方智慧与生活哲学。

其次是"美"。"美"是指味、色、声、态的好,通过认知、体验,提高人的审美情趣,美化生活。美由心生,美就在茶人的心中,茶人的心有多美,意境就会有多美,审美的感受就会有多美。茶艺审美的过程就是茶人修身养性的过程,是茶人与自然沟通,与茶进行心灵对话,发现真我的过程。通过调动人体所有的器官去全面感受茶道的美,可以促使茶人超越自我,从自己的心中去寻找美。在追寻茶道的美的过程中,也就是在茶饮的"礼尚往来"过程中,声、色、味始终起着中介作

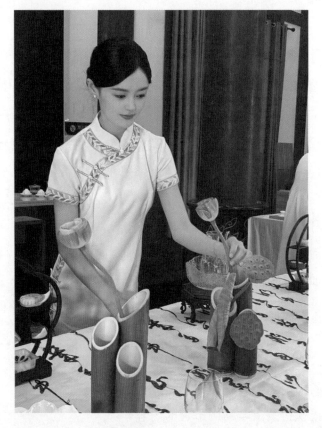

用，不断刺激人的感官，从而实现了陶冶性情的目的。"声"是茶饮程序的实施过程，必然产生若隐若现、似有似无的响声，从而形成节拍，加强了日常生活中的自然律动感，显得谐和、协调。《茶经》记载，煮水"其沸，如鱼目，微有声"。"色"主要是指茶饮过程中茶汤的色泽，茶类不同，茶汤的颜色也不同。不同的茶汤呈现出自然而迷人的色泽，令饮茶者身心愉悦。"味"是茶饮过程中的"主角"，《茶经》中所有的措施，可以说都是为了维护其至高无上的尊贵地位。

再次是"真"。"真"是中国茶道的起点，也是中国茶道的终极追求。中国茶道追求的"真"有三重含义：一是追求道之真，即通过茶事活动追求对道的真切体悟，达到修身养性、品味人生之目的；二是追求情之真，即通过品茗述怀，使茶友之间的真情得以发展，达到茶人之间互见真心的境界；三是追求性之真，即在品茗过程中，真正放松自己，在无我的境界中放飞自己的心灵。中国茶道在从事茶事时所讲究的"真"，包括真茶、真香、真味；环境最好是真山真水，挂的字画最好是真迹，用的器具最好是真竹、真木、真陶、真瓷，对人要真心，敬客要真挚，说话要真诚，心要真静、真闲。

　　最后是"清"。"清"即清洁、清廉、清静之意，茶道的真谛不仅要求事物外表清洁，更需要讲究心境的清寂、宁静、明廉、知耻。在静寂的境界中，饮清洁的茶汤，方能体会出饮茶之奥妙。在现代，清还有清正、廉洁之意。清茶一杯，以茶代酒，是古代清官的廉政之举。

第七章

茶廉文化的社会功能

茶文化所具有的历史性、时代性等文化特性及合理因素，在现代社会中已经或正在发挥积极作用。茶文化是高雅文化，社会名流和知名人士都乐意参加。茶文化也是大众文化，民众广为参与。茶文化覆盖全民，影响到整个社会。

第一节　提高人文素养

一、茶文化传统性的体现

茶文化是传统文化的一个分支,儒道佛的哲学思想渗入茶文化。历代儒家都把品茶纳入自己的思想体系之中,借茶明志、以茶养廉,并表达积极入世的思想。道家把空灵自然的观点融入品茶中。佛家体味茶的苦寂,以茶助禅、明心见性。

在古代,茶是文人士大夫生活中不可或缺之物,茶叶具有高洁、恬淡、高雅的品性,因此茶就成了儒家思想在人们日常生活中的一个理想载体。儒家茶人在饮茶的过程中将具有灵性的茶叶与人们的道德修养联系起来,认为通过品茗会促进人格修养的完善,整个品茗就是自我反省、陶冶心志、修炼品性和完善人格的过程。文人清谈时借茶助兴、表达匡国济时之理想,政治家借茶养廉、以茶倡俭。文人士大夫以茶入诗、入词、入画,托茶言志、借茶抒情,表达自己的道德理想与人格追求。

道家认为茶是吸取了天地之精气的自然之物,符合道家"道法自然""天人合一"的基本原则。茶进入道家的生活,是因为道家认为长期饮茶可以"轻身换骨、羽化成仙"。道家很注重修养之道,要"养气""养神""养形",达到"虚静无欲""专气致柔"的状态,如果人们能够以虚静空灵的心态去沟通天地万物,就可达到物我两忘、天人合一的境界,也就是"天乐"的境界。茶的自然本性中含有"静、虚、清、淡"的一面,因此成为道家的修身养性之物,也与道家的精神相一致。

饮茶能使人涤烦去躁,达到内心宁静的境界,因此茶事成为佛门的重要活动之一,并被列入佛门清规,形成整套庄严的茶礼仪式,成为禅事活动中不可分割的部分。如"吃茶去"三字成为禅林法语,"茶禅一味"成为修炼的一种境界。

二、 优秀传统文化是当代精神文明建设不可或缺的内容

我国传统文化博大精深，其深邃的思想内涵、积极的精神有助于现代精神文明建设。茶文化是我国优秀传统文化的一部分，是儒道佛诸家精神的载体。茶文化中包含着无私奉献、坚忍不拔、谦虚礼貌、勤奋节俭和相敬互让等传统美德，有利于促进精神文明建设。如上海市一直以弘扬茶文化、提高市民素质为己任，从1994年起举办上海国际茶文化节，让广大市民参加，并将茶文化引入社区，让广大市民接受传统文化的熏陶，丰富了市民精神文化生活。还积极推广少儿茶艺，运用茶文化知识，对广大青少年进行爱国主义、传统文化和道德教育。

拓展阅读

霞浦：品香鉴茶聊生活，茶韵文化走进社区

为弘扬中国茶文化，让居民充分感受茶文化的魅力，2024年3月，宁波市北仑区凤凰社区党群服务中心"凤鸣"微课堂开展了以"茶韵著香 以茶习礼"为主题的茶艺课，吸引众多居民到场参加。

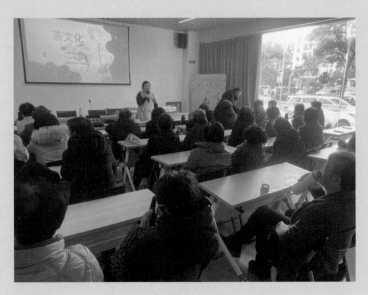

活动当天，社区工作人员早早便忙碌起来，将社区新时代文明实践站布置得古色古香。活动现场，一排排精致的茶具摆放整齐，茶叶的香气扑鼻而来。茶艺师就从茶的历史渊源，以及识茶、品茶、茶礼仪、茶与健康、茶与修养等有关茶文化知识，细致地讲解了茶文化的独特魅力，居民们听得津津有味。

随后，茶艺师为在场居民演示了泡茶的过程，大家跃跃欲试，纷纷上前体验泡茶的乐趣。在茶艺师的指导下，居民们不仅学会了如何控制水温、如何掌握泡茶时间，也深刻地体会到了茶文化的博大精深。

"一看二闻三品，一口为润、二口为饮、三口为品……"大家将茶含在口中，一步步感受茶水在口中不同阶段的味道，沁人心脾的茶香让大家体会到茶文化所带来的安逸、平和。品茶之余，一些居民积极交流和分享自己的品茶心得和体会，向茶艺师讨教健康饮茶的方法。

在茶香氤氲中，大家既学习了茶文化的知识，也在品茗的过程中放松身心、陶冶情操，体验了茶艺的乐趣和意境，感受到了心灵的滋养。接下来，凤凰社区党群服务中心将以此次活动为契机，持续开展深入体验传统文化的系列活动，满足居民日益增长的文化需求，打通服务群众"最后一公里"。

（资料来源：霞浦街道《霞浦：品香鉴茶聊生活，茶韵文化走进社区》，宁波市北仑区人民政府官网，2024年3月14日，略有改动）

第二节　促进社会交往

◤ 一、茶文化被赋予礼仪功能 ◢

　　早在唐代,刘贞亮就在"茶之十德"里提出了"以茶表敬意"。宋代诗人杜耒也曾作诗曰"寒夜客来茶当酒",当时客来敬茶已成为社会的一种普遍风尚。经过历代的发展,客来敬茶已成为国人的传统礼节,不论是社会精英还是平民百姓,不论商务往来还是平常交际,人们都将茶作为主要应酬品,敬茶成为待客最简易、最普遍的方式。在民间,以茶待客是一种基本的礼俗,在一些地区甚至流行这样的俗谚:"来客不筛茶,不是好人家。"以茶待客成为民俗生活中的一项重要内容。

　　我国是礼仪之邦,人们在交往之间十分注重礼节,借"礼"来深化人们之间的感情,促进人们之间的交往。俗话说"千里送鹅毛,礼轻情意重",礼物虽轻,然而情意

很重。古时文人喜饮茶，然而自己又常常不种茶，因此每当产新茶时，一些与文人交好的茶农便将新茶寄给文人，文人收到了新茶，也相互馈赠，以茶联谊。如唐代诗人白居易收到了萧员外寄来的新茶，在品尝之后挥笔写道："蜀茶寄到但惊新，渭水煎来始觉珍。满瓯似乳堪持玩，况是春深酒渴人。"表达了收到新茶后的兴奋和珍惜之情。赠茶习俗作为一种联谊活动代代相传，在我国的产茶区，每年新茶上市时，当地人都会给远方的亲朋好友寄上一包新茶。

二、 现代社会中茶的交际功能

茶与酒是人们交际中经常用到的应酬之物，然而茶与酒有迥然不同的品性。茶性清淡柔和，而酒性热辣刚烈。一杯清茶饮下去，能使人神清气爽、心旷神怡、思维清晰；而一杯酒下肚，容易使人兴奋激动，酒喝多了还会扰乱思想，以致言语失度、仪态失检。以茶代酒进行交际能形成一种良好的氛围，待人以茶常被视为高雅之举，也表示友善与尊敬他人之意，因而在无形之中融洽了交际的氛围。现代人们常在茶馆中进行商务洽谈、朋友往来，正是看中了茶馆高雅幽静、充满文化气息的良好氛围。此外，茶是一种健康、文明的饮品，茶叶内含有多种对人体有益的功效成分，而饮茶有益健康已成为常识。因而现在的外事往来、招商引资、联络乡情、亲友聚会,无不借助茶文化以增强现场的和睦氛围。现代社会中,茶馆更是成为市民生活中重要的公共场所。人们通过茶馆,或聚会聊天,或休闲娱乐,或了解信息,或调解纠纷,或进行商业活动。

第三节　为人们提供高层次的精神享受

一、当代快节奏使人们向往诗意的生活

对美的追求与向往是人类的天性,人类的这种天性随着社会经济的发展,生活质量的改善、文化修养水平的提高,越来越显露在生活中。随着经济的发展,人们的生活节奏逐渐加快,为了松弛因此而带来的心理上的压力,人们希望生活中多一些情趣高雅、欣赏性强的东西。而茶文化正是一种高雅脱俗、使人放松身心的文化。多姿多彩的茶类,优美动人的茶艺表演,幽静安宁的茶馆,碧绿无边的茶园,都可使人忘却烦恼,身处诗情画意的境界。

二、茶文化能使人脱俗近雅,平添几分诗意

茶是与琴、棋、书、画、诗、酒并列的高雅文化。茶文化在形成与发展的过程中的一个显著特征是"文人雅事入茶来",从而产生了与其他艺术相结合的契机,成为一种高雅文化。文人饮茶对环境、氛围、意境、情趣都有很高的追求,如陆羽曾主张饮茶可伴明月、花香、琴韵,还可作诗。明代画家、文学家徐渭也曾描写这样的品茶氛围:"茶能涤烦去腻,止渴消食,宜精舍,宜云林,宜磁瓶,宜竹灶,宜幽人雅士,宜衲子仙朋,宜永昼清谈,宜寒宵兀坐,宜松月下,宜花鸟间,宜清流白石,宜绿藓苍苔,宜素手汲泉,宜红妆扫雪,宜船头吹火,宜竹里飘烟。"文人和茶相互衬托着对方的高雅,饮茶让文人自觉高雅,而高雅的文人多饮茶,促使茶在人们心目中渐渐成了雅人的标志。的确"美感尽在品茗中,雅趣亦从盏中出",茶文化的高雅脱俗可以净化心灵,使人脱俗近雅,平添几分诗意。

（一）茶的造型与命名富含诗情画意

中国茶类经过长期的发展创新,形成了绿、黄、红、白、黑、青六大茶类,其滋味或清淡或浓郁,或浓烈或柔和,或鲜爽或甘甜;其香气闻之令人神清气爽,有的幽雅如兰,有的香如栀子,有的清香宜人,尝之闻之令人心神舒坦、妙不可言。而各种茶的造型也千姿百态,据统计,中国茶的造型达 20 多种。其形状有的扁平挺直似碗钉,有的纤嫩如雀舌,有的含苞似玉兰,有的浑圆似珠宝,有的碎屑似梅花,真是千变万化,令人目不暇接。中国茶的命名也优美动人,古今茶名,累计起来可能已超过千种。陆羽的《茶经》中曾写道:"其名,一曰茶,二曰槚,三曰蔎,四曰茗,五曰荈。"还有"余甘氏""不夜侯"等雅称。综合起来,茶的命名主要依据两点。一是根据其色、香、味、形而命名,名字生动形象,给人以美感。例如,状如眉毛的称"秀眉""珍眉""凤眉"等,形似针状的称"银针""松针";还有的称"莲心""雀舌""蟠毫""瓜片"等。二是命名与名山大川、古迹胜地相联系,看到名字,使人仿佛置身名山胜水之间,优美风景悄然浮上心头,如"西湖龙井""洞庭碧螺春""君山银针"等名字让人不由得想到美丽似西子的西湖,烟波浩渺的太湖以及被喻为"白银盘里一青螺"的君山的优美风光。而"黄山毛峰""庐山云雾""蒙顶甘露"等茶名又使人依稀看到秀美挺拔、气象万千的山岳风景。

（二）茶馆给人以美的享受

当代茶馆风格大致可分为五种类型,有仿古式、园林式、仿日式、西洋式、露天式等,能满足不同消费者审美情趣的需要。仿古式茶馆能满足人们访古思幽之情,园林式茶馆具有情调美感,仿日式、西洋式茶馆又能满足人们追求异域风情的审美需求,而露天式则给人们带来一种随意之美。茶馆的整体布局一般遵循"风格统一、基调典雅、布局疏朗、点缀合度、功能全面、舒适适用"的原则。茶馆的名字中一般有"坊""肆""轩""楼""居""阁""苑"等字,也有现代意义的"吧",或古或今。茶馆内部装修或以传统文化为基调,或以现代气息、西洋风情为主题,并点缀插花、盆景、字画、民俗风物、西洋油画、工艺饰品等,使人享受到文化、艺术、情调等不同的美感。

（三）茶艺表演艺术化地再现美感

茶艺之美是一种综合之美、整体之美，包含视觉的美、嗅觉的美、味觉的美、听觉的美和感觉的美，它使人的感官得到快感，进而达到精神的全面满足。茶艺表演要具备精茶、真水、活火、妙器。茶要选择色、香、味、形俱佳的好茶。水以清、活、甘、洌为佳。火以活火为上。器具要根据不同的茶类配备相应的茶具，如泡绿茶宜用玻璃器具，而泡乌龙茶则应选择紫砂器具。茶艺表演包括"四艺"，即挂画、插花、焚香、点茶。挂的一般是淡雅的文人画。插花则根据季节、情景随时而变。焚香则是为了纪念茶圣陆羽，也可使观众和表演者闻香而静虑。点茶即表演者泡茶的技能，娴熟的表演者能动静结合，刚柔相济，不但能冲泡出一杯好茶，操作过程还给人以美感。整个过程，茶艺表演者以超凡脱俗的气质，优雅的动作，富含哲理寓意的解说词和炉火纯青的泡茶技艺，并配之以雅乐，使品饮者在环境氛围与茶性的高度融合中得到心灵的洗礼和升华。茶艺表演者的表演、现场各种道具的设置，以及品饮者的虔诚参与，这就是茶与生活的艺术化，也是艺术化的茶与生活。

无我茶会及其精神

　　无我茶会由蔡荣章创立，经过不断改进与实践，在全世界茶人中推广开来。无我茶会为世界各国茶人提供了交流的平台，是各国茶人之间相互学习、沟通融合的一个良好契机。

　　无我茶会是一种"大家参与"的茶会，所有参会者围坐成一圈，强调人人泡茶、人人奉茶、人人喝茶，抽签决定座位；依同一方向奉茶；自备茶具、茶叶及开水；事先约定泡茶杯数、次数、奉茶方法，并事先排好会程，席间不语，其举办得成败与否，取决于是否体现了无我茶会的精神。

　　总结起来，无我茶会主要体现如下七个方面的精神。

　　第一，无尊卑之分。茶会不设贵宾席，参加茶会者的座位由抽签决定，在中心地还在边缘地，在干燥平坦处还是潮湿低洼处，不能挑选。自己将奉茶给谁喝，自己可喝到谁奉的茶，事先并不知道，因此，不论职业职务、性别年龄等，人人平等。

　　第二，无流派与地域之分。无论什么流派和哪个地域来的茶友，均可围坐在一起泡茶，并且相互观摩茶、品饮不同风格的茶、交流泡茶经验，无门户之见。人际关系十分融洽，起到以茶会友、以茶联谊的作用。

　　第三，无"求报偿"之心。参加茶会的每个人泡的茶都是奉给左边的茶侣，现时自己所品之茶却来自右边茶侣，人人都为他人服务，而不求对方报偿。

　　第四，无好恶之分。每人品尝四杯不同的茶，因为事先不约定带来什么样的茶，难免会喝到一些平日不常喝甚至自己不喜欢的茶，但每位与会者都要以平和、客观的心态来欣赏每一杯茶，从中感受到别人的长处，以更为开放的胸怀来接纳茶的多种类型。

第五，时时保持精进之心。自己每泡一道茶，自己都品一杯，每杯泡得如何，与他人泡的相比有何差别，要时时检验，使自己的茶艺精进。

第六，遵守公告约定。茶会进行时并无司仪或指挥，大家都按事先公告项目进行，养成自觉遵守约定的美德。

第七，培养默契、体现团体律动之美。茶会进行时，均不说话，大家用心于泡茶、奉茶、品茶，时时自觉调整、约束自己，配合他人，使整个茶会快慢节拍一致，并专心欣赏音乐或聆听演讲，人人心灵相通，即使几百人、上千人的茶会也能保持会场宁静、安详的气氛。

（资料来源：根据网络资料整理而成）

第四节　倡导良好社会风气

　　文化的作用之一就是"化人"，即教化人、陶冶人。茶文化作为优秀传统文化的分支，具有教化功能。陆羽在《茶经》的第一章就写明茶之为用，最宜精行俭德之人，意思是饮茶对自重操行和崇尚清廉俭德之人最为适宜。在晋代，陆纳将饮茶看作自己的"素业"，以茶来倡导廉洁，对抗当时社会上的奢侈之风。唐代诗人韦应物赞颂茶"洁性不可污"，表明茶具有高洁的品质。茶又是君子之饮，司马光曾把茶比作君子："茶欲白，墨欲黑；茶欲新，墨欲陈；茶欲重，墨欲轻。如君子小人不同。"人们借茶抒情，以茶阐理，以茶为主体陶冶化育人的思想，表达价值取向。在当代，无论是中国茶德的"廉、美、和、敬"，还是日本茶道的"和、敬、清、寂"，以及韩国茶礼的"和、敬、怡、真"，所体现的都是"重义轻利""以德服人""德治教化"等观念。日常生活中，人们也常用"粗茶淡饭""清茶一杯"来表示节俭、廉洁之意。以茶为友，能使人淡泊名利，在平淡中找到人生的价值。

"茶廉"文化：为"廉洁康县"建设增活力

"人生当如茶,清廉胜浮华。""干净是一杯好茶的底色,清廉是为人必备的品格。"走进康县满目青翠的茶园里,类似这样的"茶廉"警句,既装点着兴旺的产业,又使人们在驻足之余即可品味"茶廉"文化内涵。

"茶之清色,透着淡如水的清廉本色;茶之清香,有着淡泊名利的清廉之性;茶之清味,怀着先苦后甜的清廉之根。我们注重把茶文化和廉洁文化深度融合,通过润物细无声的方式,教育引导党员干部推崇清正、简朴,在'以茶养廉''以茶崇俭'的良好风尚中锤炼党性。"康县阳坝镇纪委书记介绍道。

绿色是康县的底色,境内山清水秀、气候温润,特色产业富集。茶产业是其独具特色的传统优势产业,也是乡村振兴的支柱产业,全县现有茶园6万余亩。近年来,康县在加强新时代廉洁文化建设中探索提出"学习知廉、阵地培廉、文化养廉、机制守廉"的总体思路和"12345+N"的工作模式,立足实际,拓宽载体,建强阵地,打造品牌,着力让廉洁之花遍地绽放。

依托康县独特的区位优势、产业优势,建成"廉茶"廉洁文化示范点,在村史馆门前摆放"以茶明廉、以茶敬廉、以茶促廉、以茶弘廉"等石刻,设置清风茶台,用群众喜闻乐见的方式以茶话廉、寓廉于茶,提醒广大党员干部做人要像茶一样清白、淡泊,时刻"崇廉、敬廉、守廉",自觉做到克己奉公、廉洁自律。

结合乡土特色,打造独具风格的"茶廉"文化,只是康县深挖红色文化、历史文化、乡土文化等文化资源中廉洁元素的一个缩影。康县还依托康县陇南根据地纪念馆、云台红色小镇等,大力弘扬红色革命文化中的廉洁因子,深入挖掘茶马古道文化中的廉洁元素,从"马蹄踏出的辉煌"中感受埋头苦干、任劳任怨的勤勉精神,传承中华民族精神血脉……各类优秀文化同频共振,持续推动"清风白云·廉韵康城"廉洁文化品牌提档升级。

"下一步,我们将按照'乡镇有特色、部门有亮点、行业有标杆、全县有品牌'的工作思路,进一步整合廉洁文化资源,创新廉洁文化载体,建好廉洁文化阵地,丰富廉洁文化活动,推动廉洁文化建设取得更大突破,持续涵养清风正气。"康县纪委监委主要负责人表示。

　　(资料来源:杜旭平《"茶廉"文化:为"廉洁康县"建设增活力》,每日甘肃,2023 年 7 月 20 日,略有改动)

第五节　扩大对外交流

一、茶文化具有国际性

　　茶文化是我国优秀的传统文化,具有民族性;同时,它又在世界各国广为流传,具有国际性。在日本,每逢喜庆、迎送或宾主之间叙事时,都要举行茶道仪式。在韩国具有典雅的茶礼,在新加坡、马来西亚等儒家文化覆盖地区都有茶文化的踪迹。茶文化不仅在亚洲范围内广泛流传,也传到了世界其他各大洲,与当地的生活方式、风土人情相结合,形成了各具特色的饮茶习俗。

二、 茶文化曾是海内外文化、经济交流的重要渠道

我国是茶文化的源头,其他各国的饮茶风俗大都是由我国传播过去的。在我国历史上曾存在着一条茶叶之路,将饮茶文化传播到世界各国。"茶叶之路"可与"丝绸之路"相媲美,在我国对外经济、文化交流史上起着重要作用。

茶叶曾是我国对外贸易的重要商品,起着联系各国经贸往来的作用。我国饮茶之风很早就传到世界各国,由于各国人民对茶叶的喜爱,因此茶叶也像丝绸、瓷器一样成为我国早期的出口商品之一 。17 世纪,我国茶叶贸易已经由亚洲地区向西方国家辐射,如葡萄牙、西班牙、荷兰、英国等都直接或间接从我国进口茶叶。18 世纪,我国茶叶出口贸易进一步发展,我国茶叶出口在世界茶叶贸易中逐渐占主导地位,出口的国家也进一步增多。到了 19 世纪初,我国茶叶已占世界茶叶消费量的九成以上,在市场上占据重要地位。茶叶成为当时中西贸易的核心商品。

茶叶也是当时文化交流的重要媒介,如茶曾在中日两国相互交往中起了重要作用。在古代,中日两国自607年开始建交,此后政治、文化、经济交往日益频繁。日本曾派出许多僧侣来华学习,我国皇帝便会举行茶仪式,将茶粉赐给僧侣。日本僧侣回国时,我国还会馈赠一些茶叶让他们带回本国。茶叶成了中日两国友好往来的重要媒介。

三、 当代茶文化活动可为促进国际交流做出更大贡献

在当代,茶文化也成为国际交流的重要媒介。表现之一是国际茶文化交流活动频繁,当代茶人相聚一堂,共同探讨茶文化的历史与现状,并展望茶文化的未来,在交流中相互学习、相互了解、增进友谊。如1998年9月,在美国洛杉矶召开了走向21世纪中华茶文化国际学术研讨会,不但为各国茶文化专家和茶文化爱好者提供了一个专门探讨和研究中国茶文化的论坛,也为美国人民提供了了解中国茶文化的良好机会,同时增进了两国人民的友谊。又如上海国际茶文化节自1994年以来,每年举办一届,每届上海国际茶文化节均以其独特的形式、内容和魅力,吸引了国内各界人士及日本、韩国、美国、法国等国家的国际友人积极参与,在海内外产生了良好的社会反响,并已成为上海著名的文化品牌和节庆活动。表现之二是茶文化出现在国际交往的舞台上。位于杭州的中国茶叶博物馆曾接待了不同外国元首的参观,上海湖心亭茶楼也成为重要的外事活动基地。博鳌论坛和杭州市政府一起于2003年5月21日至22日在杭州举办博鳌西湖国际茶文化节。作为博鳌亚洲论坛专题讨论会之一,博鳌西湖国际茶文化节通过茶这样一个亚洲各国习俗共通的载体,增进大家的了解,以茶交友,以茶会友,深化亚洲各国的经济合作。2008年北京奥运会开幕式上,在长长的画轴上,一个大大的"茶"字突显出茶文化是中国传统文化的优秀代表,是世界各国人民沟通的桥梁。在2010年上海世界博览会上,不但设立了专门的茶展览馆,还举办了许多茶事活动,成为世界各国人民交流茶文化的一个窗口。

以茶为媒,推动文明交流互鉴

2022年11月,"中国传统制茶技艺及其相关习俗"被列入联合国教科文组织人类非物质文化遗产代表作名录。成熟发达的传统制茶技艺及其广泛深入的社会实践,体现着中华民族的创造力和文化多样性,传达着包容并蓄的理念。茶,源自中国,流行世界。在众多国际友人看来,茶是全球同享的健康饮品,更是承载历史和文化的"中国名片"。

"我喜欢喝中国茶,喜欢中国茶文化。茶已经成为我生命中的一部分,须臾不离!"埃及苏伊士运河大学语言学院院长哈桑·拉杰布开门见山地说。在他看来,茶是传承和弘扬中国文化的重要载体,"中国传统制茶技艺及其相关习俗"入选联合国教科文组织人类非物质文化遗产代表作名录,可谓"水到渠成、实至名归"。

1979年,埃及艾因·夏姆斯大学中文系首次招生,拉杰布成为第一届学生。他回忆说,那时为了学好汉语,他每天都要学习12至15个小时,还要反复练习汉字书写。凭借自身的刻苦努力,拉杰布顺利获得研究生保送资格,并于1986年前往北京语言学院(现北京语言大学)留学,从此与茶结缘,一直相伴至今。"在学校的中文老师那里,我第一次接触到中国茶,品尝到了茶的清香,也爱上了这种味道,养成了每天喝茶的习惯。"拉杰布说。

颇有缘分的是,拉杰布后又于1991年在北京大学中文系学习中国戏剧,毕业论文研究的正是中国著名戏剧家老舍的代表作《茶馆》。"之所以选择这一专题,是因为一次偶然机会,同学邀我到北京人民艺术剧院观看话剧《茶馆》。他告诉我,这部《茶馆》有'半部中国话剧史'的美誉,理解它能对中国近代历史有更深入的了解。"时至今日,只要学生能够独立阅读中国文学作品,拉杰布就向他们推荐读《茶馆》,有的学生还通过网络观看了这部作品的话剧演绎版本。

　　"《茶馆》中的历史、风俗、语言、服装,尤其是作为作品背景的茶馆以及中国茶本身,都让大家耳目一新,这一切也为他们更好认识中国文化打开了一扇窗。"他回忆说,自己当年为了尽可能吃透老舍笔下的人物、了解当时的社会环境及其作品本身的意蕴,经常到北京前门和大栅栏一带的茶馆体验生活,品茗啜茶、观察社会、体验民情。一次次"零距离"接触,一次次"接地气"探访,让他对中国茶和茶文化有了更加深入的了解。

　　如今,作为埃及知名汉学家,拉杰布长期从事中文教学以及中国文化普及和推广工作,并撰写了大量学术著作。在繁重的教学工作之余,他仍能潜下心来深入做研究的秘诀,"正是中国茶!"据他介绍,自己每天的生活始于清晨啜饮一杯清香的中国茶,办公桌上也总要摆上一壶热茶,不时喝上一口。袅袅茶香中,他感受到中国文化的精气神和底蕴氤氲开来,自己也倍感神清气爽、心旷神怡,工作思路也伴随茶香清晰起来。"喝茶的感觉是一种艺术享受,我尤其钟爱茉莉花茶。"拉杰布说。

　　在埃及,像拉杰布这样热爱中国茶的人还有很多。出版发行大量中国优秀图书的希克迈特文化集团总裁艾哈迈德·赛义德不仅喜欢品茶,还想更多接触茶的传统制作技巧、冲泡技艺等,以对茶文化等中国文化有更加系统全面的了解。青年文学翻译家米拉·艾哈迈德则为中国人以茶会友、以茶待客的文化着迷。她注意到,中国在重要外交场合以茶为礼,中国朋友也喜欢用一壶茶招待好友。"中国茶叶从广阔的绿色茶园经'长途旅行'前往世界各地,弥漫着独特的芳香,成为热情的中国人与灿烂的中国文化的代名词。"米拉说。

"我会根据季节和心情决定喝茶的种类。总的来说,春夏常喝绿茶,秋冬更喜欢品足火烘焙的乌龙茶、红茶与黑茶。"伴随一盏清茗,意大利威尼斯大学亚洲与北非研究学院助理教授查立伟开始了一天的工作。在他的书房内,紫砂壶等茶具是必备品,与茶有关的书籍也随处可见。

20世纪80年代,查立伟在威尼斯大学学习汉语和中国文化时,开始对茶这种东方饮品产生浓厚兴趣。90年代,他又到南京大学进修,着力研究明代文人、文化与茶史,并发表了多篇学术论文。"与咖啡等其他世界性饮品最主要的区别在于,茶与艺术、文学和美学密切联系。"查立伟如数家珍地说,早在唐代,中国就出现了以陆羽所著《茶经》为代表的茶文化,明代也有大量茶论著作,与璀璨的建筑、绘画、家具等艺术成就相映成趣。

2005年,查立伟在意大利创办了茶文化协会并一直担任主席职务至今,他本人还是中国国际茶文化研究会的荣誉理事。茶文化协会定期组织讲座、论坛,举行品茗会、茶艺展示等活动。协会宗旨取自明代许次纾《茶疏》中的"茶滋于水,水藉乎器,汤成于火。四者相须,缺一则废",会徽则以半个茶壶和半个茶杯构成茶叶的形状,如太极图阴阳相合的背景寓意着水火交融,体现出对中国哲学的深刻理解。

查立伟认为,在古丝绸之路上,茶叶是重要商品,并在不同文明和传统文化中留下印记。如今,品茶的习惯已从中国传播到世界各地,在很多国家衍生出丰富多彩的茶文化,成为促进各国文化交流的重要纽带。他表示:"中国茶在欧洲的传播过程中,威尼斯扮演着重要角色,欧洲第一份提及中国茶的历史文献就来自这里。"目前,越来越多意大利人开始对喝茶和其保健功效产生兴趣,与茶有关的商店和爱好者协会也不断涌现,这让查立伟感到非常开心与欣慰。据他介绍,茶文化协会正致力于建立茶学研究与传播的新项目,很快会正式启动。

2022年11月,"中国传统制茶技艺及其相关习俗"被列入联合国教科文组织人类非物质文化遗产代表作名录。在查立伟看来,这是肯定和弘扬中国茶文化的重要一步,也将对茶文化在世界的推广发挥促进作用。他注意到,中国茶艺在坚持传统的同时,也随着时代发展不断创新。"现代中国茶艺融合了各地不同的风格模式,茶叶种类也得到极大丰富,许多约30年前只在局部地区流行的茶叶,如今在更广泛地区受到欢迎。"查立伟认为,这反映出中国快速发展的经济和不断增强的民族自信。"未来,我将继续关注茶文化在中国的发展,以及在世界的角色变化,让更多人爱上这一瑰宝。"他说。

"这是历史悠久的中国品茶方式,茶汤清香四溢,品尝时先觉微苦后显甘甜。"巴基斯坦旁遮普大学孔子学院三年级学生谢海尔·贝诺身穿中式红色斜襟罩衫,在孔子学院开放日活动上,与同学们为来访的父母和朋友们奉上一杯中国茶,以中国式的礼仪表达了最热烈的欢迎。这是贝诺第一次向父母敬茶,她一边烫壶、泡茶、分杯,一边与父母分享品茶经验。中国自古就以礼仪之邦著称于世,中国茶注重礼仪和情谊,向父母敬茶意味着传承和回馈。"小时候在家里,总是母亲为我们煮茶。如今我很高兴自己能用另一种方式向母亲表达我的爱与感谢。"她说。

在巴基斯坦,喝茶是人们日常生活中必不可少的一部分,贝诺一家也不例外。"我们一家人每天早晨都会喝茶,周末有人来做客时,大家也会坐在一起喝茶闲聊。"贝诺说,茶是巴基斯坦国徽上绘出的四种特色农作物之一,据考早在16世纪就已从中国引入种植,人们也逐渐养成了喝茶的习惯。在乌尔都语中，"茶"的读音也与汉语几乎一致，可见渊源之深。在巴基斯坦西北部地区，中国专家曾帮助考察并建立了巴基斯坦国家茶叶研究站，后来又发展为巴基斯坦国家茶叶与高价值作物研究所，向全国所有适合种茶地区进行技术推广和指导。

据贝诺介绍，巴基斯坦的喝茶方式与中国差别很大。在旁遮普省，人们通常用深度发酵的红茶作底，加牛奶和白糖烹煮，再配上一块点心，茶香与奶香混合成一片甜香。在北部地区，人们则会选用未发酵的茶叶，奶、糖之外还要加入少许小苏打，让奶茶呈现出好看的粉红色。这些配料丰富的奶茶品尝起来口感油润，给人带来欣喜和满足感。"中国茶的原料极简，但制茶、饮茶又藏有许多细节，饱含着深厚的底蕴。"贝诺说，中国茶的"功夫"都下在泡茶之前，从种植到采摘、炒制等，每一个步骤都有许多巧思。不同制茶工艺与节气的关联、不同水源对茶叶口感的影响都让她印象深刻。

"中国的茶文化是人与自然相联结的方式。"贝诺发现,中国茶的滋味十分丰富,人们饮茶更注重品味茶汤入口后的长久体验,分辨茶叶生长过程中最细微的差别。"中国茶展现了大自然所赋予的最真实的本味,品尝中国茶是氛围宁静的个性化体验。"她说,自己习惯在独处时泡一杯中国茶,伴着茶香阅读、写作、冥想,感受茶汤初入口的苦味与悠长的回甘。在与好友聚会时,贝诺有时也会推荐共饮中国茶。配合几首舒缓平和的中国传统音乐,聊天变得更悠闲惬意,时间在不知不觉中流淌……

　　"我越学习、研究,越能感受到中国茶文化的博大精深。"贝诺说,从爱上喝中国茶开始,自己对中国文化越来越充满兴趣。中国悠久的历史以深刻而绵长的方式,留下了许多独特的文化印记,让中华文明成为世界文明独一无二的组成部分。她认为,如今,一个越来越开放的中国正向世界展现自己的文化底蕴和魅力,"跨越千年,中国茶香正以新的方式走向世界"。

　　(资料来源:黄培昭《国际友人热衷中国茶文化:以茶为媒,推动文明交流互鉴》,中国侨网,2023年2月1日,略有改动)

主要参考文献

[1] 王从仁.中国茶文化[M].上海:上海古籍出版社,2001.

[2] 宛晓春.中国茶谱[M].北京:中国林业出版社,2007.

[3] 刘清荣.中国茶馆的流变与未来走向[M].北京:中国农业出版社,2007.

[4] 周巨根,朱永兴.茶学概论[M].北京:中国中医药出版社,2007.

[5] 陈椽.茶业通史 [M].2 版.北京:中国农业出版社,2008.

[6] 朱自振.茶史初探[M].北京:中国农业出版社,1996.

[7] 陈宗懋.中国茶经[M].上海:上海文化出版社,1992.

引用作品的版权声明